Die **„Sammlung Vieweg"** hat sich die Aufgabe gestellt, Wissens- und Forschungsgebiete, Theorien, chemisch-technische Verfahren usw., die im Stadium der Entwicklung stehen, durch zusammenfassende Behandlung unter Beifügung der wichtigsten Literaturangaben weiteren Kreisen bekanntzumachen und ihren **augenblicklichen Entwicklungsstand zu beleuchten.** Sie will dadurch die Orientierung erleichtern und die Richtung zu zeigen suchen, welche die weitere Forschung einzuschlagen hat.

Verzeichnis der bisher erschienenen Hefte siehe dritte Umschlagseite.

Als Herausgeber der einzelnen Gebiete, auf welche sich die Sammlung Vieweg zunächst erstreckt, sind tätig und zwar für:

Physik (theoretische und praktische, und mathematische Probleme):

Herr Professor **Dr. Karl Scheel,** Physikal.-Techn. Reichsanstalt, Charlottenburg;

Kosmische Physik (Astrophysik, Meteorologie und wissenschaftliche Luftfahrt — Aerologie — Geophysik):

Herr Geh. Reg.-Rat Professor **Dr. med. et phil. R. Assmann,** Königl. Aeronaut. Observatorium Lindenberg (Kr. Beeskow);

Chemie (Allgemeine, Organische und Anorganische Chemie, Physikal. Chemie, Elektrochemie, Technische Chemie, Chemie in ihrer Anwendung auf Künste und Gewerbe, Photochemie, Metallurgie, Bergbau):

Herr Professor **Dr. B. Neumann,** Techn. Hochschule, Breslau;

Technik (Elektro-, Maschinen-, Schiffbautechnik, Flugtechnik, Motoren, Brückenbau):

Herr Professor **Dr.-Ing. h. c. Fritz Emde,** Techn. Hochschule, Stuttgart;

Biologie (Allgemeine Biologie der Tiere und Pflanzen, Biophysik, Biochemie, Immunitätsforschung, Pharmakodynamik, Chemotherapie):

Herr Professor **Dr. phil. et med. Carl Oppenheimer,** Berlin-Grunewald.

KALENDERWESEN UND KALENDERREFORM

Von

DR. WILHELM FOERSTER
GEH. REG.-RAT, PROFESSOR DER ASTRONOMIE AN DER UNIVERSITÄT BERLIN

Springer Fachmedien Wiesbaden GmbH 1914

ISBN 978-3-663-19599-3 ISBN 978-3-663-19636-5 (eBook)
DOI 10.1007/978-3-663-19636-5

Ursprünglich erschienen bei Friedr. Vieweg & Sohn, Braunschweig, Germany 1914.

Inhaltsverzeichnis.

Einleitung.

Das vorliegende Büchlein soll nach der Absicht der Herausgeberschaft kein Lehrbuch der Chronologie, einschließlich der Vergangenheit und der Zukunft ihrer Entwickelung, darstellen. Es soll vielmehr ohne den Apparat vollständiger urkundlicher Nachweise und technischer Erörterungen wesentlich dem Interesse eines allgemein wissenschaftlich gebildeten Publikums, insbesondere aber den Vertretern und Verwaltern staatlicher, sozialer und wirtschaftlicher Interessen auf dem Gebiete der Kalendereinrichtungen zum Verständnis und zur Verständigung dienen. Hierzu bedarf es allerdings auch gewisser astronomischer Betrachtungen und gewisser Rückblicke in die geschichtlichen Entwickelungen der Kultur. Indessen soll es versucht werden, auch hierbei tunlichst Maß zu halten und der Neigung des Fachmannes, als welcher sich der Verfasser in diesen Dingen betrachten darf, nicht allzu sehr im Sinne monographischer Lehrdarstellung nachzugeben.

1. Die erste Anknüpfung des Kalenders an den Mond.

Es wird wenigen gegenwärtig sein, welchen Ursprung das Wort „Kalender“ eigentlich hat. Ein Kalender oder „Kalendarium“ ist dem Wortsinn nach ein Verzeichnis der Monatsanfänge, welche in der Sprache des alten Rom dies calendae oder schlechtweg calendae genannt wurden, d. h. Tage, an denen „ausgerufen“ werden sollte (von calo „ich rufe“). Dies Ausrufen bezog sich — wie man es bei den Völkern, welche ihre Zeitrechnung oder wenigstens ihre Festrechnung an die wiederkehrenden Lichtgestalten des Mondes anknüpfen, z. B. bei den Mohammedanern, gegenwärtig noch wahrnehmen kann — auf das erste Wiedererscheinen der Mondsichel nach dem Neumond. Von der Zinne monumentaler Gebäude aus ward durch besonders damit beauftragte Seher oder priesterliche Personen, welche etwa zwei Tage nach dem Neumond, oder vier bis fünf Tage nach dem am Morgenhimmel beobachteten letzten Erscheinen der Mondsichel vor Neumond die junge Mondsichel am Abendhimmel suchen müssen, der erste Anblick derselben laut verkündigt und danach der Beginn der Monate geregelt, während die einzelnen Tage innerhalb der Monate durch Zählung etwa an den nächstvorhergegangenen oder nächstfolgenden Ausruftag oder an den dazwischenliegenden Tag des vollen Mondes oder Mondgesichtes (lateinisch Idus) angeschlossen wurden.

Diese Art der unmittelbaren Anknüpfung der am frühesten erkannten und eingeführten chronologischen Periode, des Monats, an den Umlauf und die Lichtgestalten des Mondes hat sich in denjenigen Ländern und bei denjenigen Völkern lange erhalten, denen die fast beständige Heiterkeit des Himmels genügende Sicherheit gewährte, die Zählung fast jedesmal an das erste Wiedererscheinen des Mondlichts — das sogenannte Neulicht — regelmäßig anknüpfen zu können, bei denen aber kein reich geordneter Verkehr sich schon früh entwickelte, welcher festere und im voraus gesicherte Formen der Datierung und Bezeichnung der Tage bedurft hätte. Hingegen wurde überall da, wo jene beständige Klarheit des Himmels fehlte, oder wo das Bedürfnis einer geordneteren Vorausbestimmung der Tageszählungen sich geltend machte, bald von den Sehern verlangt, daß sie auf Grund der vorangegangenen Aufzeichnungen über die Anzahl der Tage zwischen den Ausrufungsabenden nunmehr die Wiederkehrzeiten der Lichtgestalten des Mondes auf eine gewisse Zeit im voraus berechneten und die darauf zu begründende Aneinanderreihung der Monate, sowie die Anzahl und Zählungsweise der Tage innerhalb der einzelnen Monate autoritativ festsetzten. Damit trat an die Stelle des jedesmal an die Beobachtung der Erscheinungen angeschlossenen öffentlichen Ausrufes allmählich der Kalender oder die zahlenmäßig geordnete Vorausbestimmung der Ausruftage.

Allmählich, insbesondere wenn nach einiger Zeit infolge von Unvollkommenheiten der Vorausbestimmungen das Neulicht des Mondes sich nicht mehr genau zu den gebotenen Tagen einstellte, unterblieb wohl das Ausrufen, und der Kalendermond wurde für die Festsetzung des Monatsanfangs maßgebender als der Mond am Himmel. Man bemühte sich zwar immer aufs neue, solche Abweichungen durch Verbesserungen des Kalenders auszugleichen; aber je sicherer mit der Zeit die öffentlichen Einrichtungen zur gemeinsamen, geordneten Zählung der Tage in längeren Perioden sich gestalteten, je größer ferner die Bedeutung des Sonnen- oder Wärmejahres wurde, und je erheblicher Trübungen des Himmels mit dem Vorschreiten der Kultur in nördlichere Gegenden wurden, desto mehr trat der natürliche Lichtmonat oder der Anschluß des Kalenders an die Lichtgestalten des Mondes in den Hintergrund, und die Monate behielten nur noch in ihrer Dauer eine ungefähre Beziehung zu dem Lichtmonat von $29^1/_2$ Tagen, wurden aber endlich auch in der Dauer mehr und mehr zu ungefähren Zwölfteilen des Sonnenjahres gestempelt.

2. Der Kalender und die Sonne.

Natürlich hatte sich neben der Lichtperiode des Mondes auch das Sonnenjahr schon sehr früh und zwar als eine maßgebende Wärmeperiode der Beachtung der Menschen aufgedrängt.

Die Kenntnis der Wiederkehr einer und derselben Stufe der jährlichen Wärmeentwickelung ist schon früh für die Interessen und Arbeiten des Landbaues und auch für die Schiffahrt von Wichtigkeit gewesen. Als chronologische Periode aber, als Zyklus für die Zählung der Tage, war das Jahr zu lang, und nur unter ganz besonderen Umständen und bei höher entwickelten Kulturen hat es auch eine chronologische Bedeutung gewonnen, nämlich als eine für die Zählung und Zusammenfassung der Monate geeignete größere Zeiteinheit, während die Tage selbst nur innerhalb der Monate gezählt wurden.

Die Wiederkehr einer und derselben Phase des Jahres und der jährlichen Wärmeentwickelung wurde zunächst, ebenso wie es anfangs mit der Anknüpfung des Monats an das Wiedererscheinen des Mondes geschah, jedesmal an den Eintritt gewisser Himmelserscheinungen geknüpft, deren Beobachtung entweder dem einzelnen überlassen oder in ähnlicher Weise wie das erste Erscheinen des Mondes öffentlich verkündigt wurde, bis auch hier allmählich der oben erörterte Fortschritt sich vollzog, und auf Grund längerer geordneter Beobachtungen der Eintrittszeiten jener Erscheinungen ein Jahreskalender gemeinsam vorausbestimmt wurde, nämlich eine öffentliche Angabe, an welchen Tagen gewisser Monate jeden Jahres die maßgebenden Himmelserscheinungen, z. B. gewisse Wendepunkte der Witterung, eintreten würden.

Jene maßgebenden Himmelserscheinungen waren zunächst die jährlich wiederkehrenden Stellungen der Sonne am Himmel, welche am einfachsten erkannt werden konnten dadurch, daß man ermittelte, in der Nähe welcher Sternbilder oder welcher besonders hellen Fixsterne sich die Sonne jeweilig befand. Da aber das Sonnenlicht das Licht der hellsten Fixsterne überglänzt, so konnten solche Beobachtungen nur in der Morgen- oder Abenddämmerung geschehen, indem man zusah, welche hellen Sterne bald nach Sonnenuntergang oder kurz vor Sonnenaufgang in der Nähe des Horizontes sichtbar wurden. Das scheinbare alljährliche Fortrücken der Sonne am Himmel zeigte sich hierbei in der Erscheinung, daß die Sterne, die man bald nach Sonnenuntergang am Westhorizont bemerkte, nach einigen Tagen aufhörten, in der Abenddämmerung noch sichtbar zu werden, weil die Sonne, am Himmel von West nach Ost wandernd, sich ihnen immer mehr näherte, und daß die Sterne, die man kurz vor Sonnenaufgang am Osthorizont auftauchen sah, allmählich immer längere Zeit in der Morgendämmerung sichtbar wurden, weil sich die Sonne von ihnen entfernte. In Ägypten fand man schon um 5000 v. Chr., daß der Eintritt der Überschwemmungen des Nils — eine Folge des Eintritts gewisser, mit dem Stande der Sonne zusammenhängender, ziemlich regelmäßiger Wendungen der Witterung in den Tropengegenden des oberen Nillaufs — in denjenigen Tagen stattfand, an welchen zuerst wieder in der Morgendämmerung das helle Licht des Sirius am Morgenhimmel sichtbar wurde. In Griechenland fand man späterhin ebenso, daß z. B. diejenigen Auf- und Untergänge der Plejaden, des Orion, des Arkturus, welche in der Morgen- und Abenddämmerung stattfanden, mit gewissen alljährlichen Wendepunkten der Wärme und der Richtung der großen Luftströmungen zusammentrafen und daher geeignete Merkzeichen für Landbau und Schiffahrt waren. Und so kamen in mannigfachster Weise außer Mond und Sonne nun auch die hellsten Fixsterne und die wichtigsten Sternbilder in der Zeitrechnung zu Ehren.

3. Die Verbindung von Mondkalender und Sonnenkalender und der ägyptische Sonnenkalender.

Bei der Zählung der Tage, nach deren Verlauf eine und dieselbe Stellung der Sonne zu den Fixsternen, z. B. das erste Erscheinen des Sirius in der Morgendämmerung sich wiederholte, hatte man wohl zunächst die Zählungen der Tage zwischen der Wiederkehr des Neulichtes des Mondes am Abendhimmel von Monat zu Monat mit den Zählungen der Monate verbunden und hierdurch bereits die Dauer des sogenannten Sonnenjahres zu 365 Tagen bestimmt.

Hiernach umfaßte das Sonnenjahr zwölf Monate zu rund $29^1/_2$, also abwechselnd zu 29 und 30 Tagen, zusammen 354 Tage und darüber in runder Zahl 11 Tage. Die meisten alten Kulturländer begnügten sich anfangs damit, nach Monaten zu rechnen und dabei je zwölf Monate zu einer Art von Mondjahr zusammenzufassen, das nun natürlich, da es 11 Tage kürzer war als das eigentliche Sonnenjahr, im Sonnenjahr wanderte. Die weitere Entwickelung dieser Kalenderform in den meisten dieser älteren Kulturländer bestand nun darin, daß man von Zeit zu Zeit für eine Reihe von Sonnenjahren die bei jedem Mondjahre übrigbleibende Differenz von 11 Tagen gegen das Sonnenjahr in eine ganze Anzahl von vollen Monaten zusammenfaßte, z. B. in je acht Mondjahren an je drei Stellen einen vollen Monat zu 29 oder 30 Tagen einfügte, wodurch in den acht Mondjahren der nahezu drei Monate umfassende achtfache Betrag des Überschusses des Sonnenjahres über das Mondjahr ausgeglichen wurde, und der Mondkalender in diesen achtjährigen Zeiträumen immer wieder nahezu an denselben Stellen des Sonnenjahres eingefügt werden konnte.

Man hat dann durch stetige Zählung der Tage und Monate und entsprechende Aufzeichnung der Wiederkehr der Monderscheinungen und der Wiederkehr der alljährlichen Sonnenstellungen am Himmel die Dauer des Sonnenjahres allmählich genauer zu 365¹/₄ Tagen bestimmt und hinsichtlich der Dauer der Monate gefunden, daß der Monat etwas größer ist als 29¹/₂ Tage, daß aber eine Folge von 360 Monaten (gleich 30 Mondjahren) sich mit großer Genauigkeit, nämlich bis zu sehr kleinen Bruchteilen der Tagesdauer, durch 169 Monate zu je 29 Tagen und durch 191 Monate zu je 30 Tagen umfassen läßt, wobei die Reihenfolge der 29tägigen und der 30tägigen Monate so angeordnet werden kann, daß die Monats- und Tageszählungen sich der Aufeinanderfolge der Lichtgestalten des Mondes so genau, wie es irgend erreichbar ist, anschließen.

Diese offenbar schon in sehr frühen Tagen erdachte und den Himmelserscheinungen angeschlossene Gestaltung des Mondkalenders hat noch gegenwärtig in dem Festkalender der ganzen mohammedanischen Welt Geltung.

Auch für den Anschluß des Mondkalenders an den Sonnenkalender, die sogenannte lunisolare Kalenderform, hat man schon sehr früh, über die obige achtjährige Periode hinausgehend, eine Periode von 19 Jahren gefunden, innerhalb welcher 19 volle Sonnenjahre zu je 365¹/₄ Tagen genau, d. h. bis auf Bruchteile des Tages, mit 235 vollen Monaten immer wieder zusammentreffen, wenn man zu 19 Mondjahren von je 12 Monaten, also insgesamt 228 Monaten, an den geeigneten Stellen siebenmal einen Monat hinzufügt, also 7 Mondjahre zu je 13 Monaten, außer den 12 Mondjahren zu je 12 Monaten, ansetzt, so daß in 19jähriger Wiederkehr eine regelmäßige Folge von Mondjahren zu 12 Monaten und Mondjahren zu 13 Monaten auch mit den Sonnenenjahren in fester chronologischer Verbindung bleibt.

Dieser Lunisolarkalender auf der Grundlage der Zahl 19, die man wegen der anhaltenden Genauigkeit dieser Harmonisierung als die goldene Zahl bezeichnete, hat bis zu der Zeit, in welcher durch Julius Cäsar der ägyptische Sonnenkalender in dem größten Teil der Kulturwelt zur Geltung kam, die Kalendergestaltung in der asiatischen und der griechischen, sowie der jüdischen Welt überwiegend beherrscht.

Daß aber in Ägypten der Sonnenkalender zur dominierenden Entwickelung kam und der Mondkalender dort gänzlich beiseite gesetzt wurde, erklärt sich durch die ganz eigentümliche Bedeutung, welche die jährliche Wiederkehr einer bestimmten Sonnenstellung am Himmel für die ganze wirtschaftliche und kulturelle Entwickelung Ägyptens hatte.

Mit einer Regelmäßigkeit, welche sich an keiner anderen Stelle der Erde so vollkommen vorfindet, erscheinen in Ägypten infolge von mächtigen Schneeschmelzungen und Regengüssen, welche in den weiter südlich gelegenen Regionen von Afrika bei einem bestimmten Sonnenstande alljährlich eintreten, gewaltige Überschwemmungen das ganze Niltal entlang, fast bis zu dem Ergusse des großen Stromes in das Meer, und diese Überschwemmungen befruchten weithin die Uferlandschaften des ganzen Niltales so nachhaltig, daß unter der Mitwirkung der intensiven Sonnenstrahlungen ein großer Erntesegen erlangt werden kann. Ja, noch mehr, sobald es gelang, das Übermaß der Wasserergüsse in jener Sommerszeit in große Bassins durch Kanalisierung zu sammeln und alsdann während des übrigen Jahres aus diesen Bassins durch ebensolche Kanalisierungen anhaltende Bewässerung zu schöpfen, entwickelte sich aus diesem Sachverhalt eine große wirtschaftliche Wohlfahrt des ganzen Landes.

Bei dieser entscheidenden Abhängigkeit der ägyptischen Kultur von dem regelmäßigen Eintritt der offenkundig mit der Sonne zusammenhängenden Wasserergüsse ist es völlig erklärlich, daß die Sonne als die entscheidende Himmelsmacht erschien, neben der die Lichtwirkungen des Mondes von relativ geringer Bedeutung für das Zusammenleben waren.

Es kam hinzu, daß in den Zeiten, in denen die wirtschaftliche Kultur Ägyptens sich schon zu einer gewissen Höhe entwickelt hatte, nämlich etwa in den Jahren 5000 bis 3000 v. Chr., die Dauer der Jahresperiode, in welcher damals der den Beginn der Überschwemmung signalisierende Morgenaufgang des Sirius wiederkehrte, jahrtausendelang fast genau $365^1/_4$ Tag betrug, so daß durch eine alle vier Jahre wiederkehrende Einfügung eines Schalttages einige Jahrtausende hindurch jenes Phänomen an derselben Stelle im Jahreskalender festgehalten werden konnte. Es kam sodann hinzu, daß in denselben Jahrtausenden der Unterschied zwischen der Dauer des Sommerhalbjahres (vom Frühlingsäquinox bis zum Herbstäquinox) und der Dauer des Winterhalbjahres (vom Herbstäquinox bis zum Frühlingsäquinox) fast verschwindend klein war, während dieser Unterschied zur Zeit der Blüte der Astronomie in Alexandria (— 200 bis + 200) 7 Tage, dann um das Jahr

1200 n. Chr. 8 Tage betragen hat und gegenwärtig auch noch nahezu 7 Tage beträgt. Dies war um so wichtiger, als die Beobachtung der Zeitpunkte, in denen das Äquinox eintritt, schon damals etwas genauer sein konnte, als die Beobachtung des Morgenaufganges des Sirius, so daß die damalige Gleichheit des Sommerhalbjahres und des Winterhalbjahres den astronomischen und chronologischen Wert der Sonnenzeitangaben noch bestätigte und erhöhte. Infolgedessen hat man in jenen Tagen in Ägypten ein chronologisches Sonnenjahr von 365 Tagen angenommen, aber dasselbe für agrarische Zwecke bereits vervollständigt durch die vorerwähnte Einfügung eines Schalttages von vier zu vier Jahren im Interesse der Festhaltung der populären Epochen des Morgenaufganges des Sirius an einem und demselben Datum, wodurch die Grundlage des späteren julianischen Kalenders geschaffen wurde. Man teilte dann das Jahr von 365 Tagen in 12 Monate zu je 30 Tagen und betrachtete die fünf übrigen Tage, entsprechend einem alten Mythus, als den fünf Planeten: Merkur, Venus, Mars, Jupiter und Saturn gewidmet, während man den Mond im Kalender gänzlich ignorierte.

Auch die übrigen alten Kulturländer (China, Indien, Mittelasien, Persien, Mesopotamien, Syrien und Kleinasien) wurden ja nicht selten von Überschwemmungen heimgesucht, die von gewaltigen Regengüssen in der jährlichen Temperaturperiode, auch wesentlich abhängig von dem Sonnenstand, verursacht wurden; aber in allen diesen, im Vergleich mit Ägypten den Polargegenden viel näher gelegenen Ländern spielten die gewaltigen Konflikte und Wirbel zwischen den polaren und den äquatorialen Luftströmungen eine so entscheidende und auch von vorübergehenden Zuständen dieses großen Zirkulationssystems selber so abhängige Rolle, daß von regelmäßig wiederkehrenden Wasserkatastrophen nicht mehr die Rede sein konnte, während die unregelmäßig wiederkehrenden Wassersnöte an manchen Stellen viel gewaltiger auftraten als die Nilüberschwemmungen. Insbesondere wird China von den im Westen und im Norden des Landes liegenden mächtigen Gebirgsländern her in keineswegs regelmäßigem Verlauf mit furchtbaren Wassermengen stellenweise übergossen, für welche kein Kalender die Möglichkeit einer Vorbereitung und Regulierung gewähren konnte. Auch in Mesopotamien gibt es sündflutartige Überschwemmungen, hauptsächlich von den im Norden gelegenen

Gebirgen herkommend, aber ohne stetig wiederkehrende Beziehungen zu der jeweiligen Stellung der Sonne im Kalender. So ist es zu erklären, daß sich in allen diesen Ländern nicht, wie in Ägypten, ein dominierender Sonnenkalender entwickelte, sondern daß der Mondkalender überwiegende Geltung behielt, wenn er auch allmählich in der oben dargelegten lunisolaren Gestalt des Anschlusses an die Sonne sich allmählich vervollkommnete. Der Mond hatte ja für die unablässigen Völkerwanderungen in Asien auch die besondere Bedeutung, daß sein Licht die Wanderungen in den kühlen Nächten der heißen Klimata begünstigte.

Das agrarische Sonnenjahr in Ägypten mit seiner alle vier Jahre wiederkehrenden Einschaltung von einem Tag, also auf der Grundlage einer Jahreslänge von $365^1/_4$ Tagen, hatte sich bis zu der Zeit, in welcher die griechische Wissenschaft in Alexandria einen Mittelpunkt astronomischer Forschung schuf, in der Festhaltung der Morgenaufgänge des Sirius an einem und demselben Kalenderdatum merkwürdig genau bewährt. Die kalendarische Fixierung des Datums dieser Sonnenstellung kam der Ansage der Wiederkehr der Überschwemmungen zugute, wenngleich sich in den Jahrtausenden allmählich herausstellte, daß die Wiederkehr derjenigen Sonnenstellungen am Himmel, von denen der Eintritt der Überschwemmungen wirklich abhing, nicht genau mit der Wiederkehr der ersten Morgenaufgänge des Sirius zusammentraf, sondern ungefähr um 7 Tage früher pro Jahrtausend im Datum des agrarischen Sonnenjahres (mit vierjähriger Schaltperiode) stattfand, so daß die Überschwemmung ganz allmählich immer früher als der Siriusaufgang eintrat, aber allerdings mit einer genügenden Stetigkeit und Langsamkeit der Verfrühung im Kalenderdatum. Die eigentlich für die Überschwemmung maßgebenden Sonnenwirkungen hingen ja ursächlich mit der aufsteigenden Bewegung der Sonne nach dem Himmelspol hin zusammen und nicht mit ihrer Stellung zum Sternenhimmel.

Der Sonnenkalender hatte sich daher eigentlich an die Zeitpunkte der Sonnenwende und der Tag- und Nachtgleiche anzuschließen, und zumal die letzteren Zeitpunkte (das Frühlingsäquinox und das Herbstäquinox), in denen der Abstand der Sonne vom Himmelspol genau einen Viertelkreis betrug, waren für die kalendarische Fixierung die geeignetsten, weil man sie mit Hilfe von Schattensäulen schließlich bis auf Bruchteile des Tages feststellen lernte.

Man hielt jedoch bis zu Cäsars Zeit auch in Alexandria an dem Sonnenkalender mit vierjähriger Schaltperiode fest, so daß erst Papst Gregor XIII. sich entschloß, eine genauere Schaltrechnung einzuführen, durch welche die pro Jahrtausend eintretende Verfrühung der Äquinoxepoche um $7^1/_2$ Tage gegen den altägyptischen (nach Cäsar als julianisch bezeichneten) Sonnenkalender bis auf kleine Bruchteile eines Tages für die nächsten zweitausend Jahre beseitigt worden ist.

Mit dem Kapitel „Die Kalenderreform durch Julius Cäsar" kehren wir weiter unten auf die Betrachtung dieser Entwickelungen zurück.

4. Die soziale Entwickelung des Kalenderwesens.

Je mehr der Kalender die geordnete Vorausbestimmung von Tagen und Erscheinungen und davon abhängigen Epochen menschlicher Arbeit durch wiederkehrende Zählung der Tage entwickelte, desto mehr wandte sich der Blick der Mehrzahl der Menschen von der fortgesetzten Beobachtung des Mondes, der Sonne und der Sterne ab und befriedigte sich immer mehr mit dem, was im Kalender stand und von oben demgemäß angeordnet wurde.

Eine neue Wichtigkeit aber gewannen Sonne, Mond und Sterne und dazu noch die anderen unter den Fixsternen wandelnden Lichter, die Planeten, durch die Entwickelung der Astrologie oder Sterndeutung, welche selbst mit der Vervollkommnung der Kalenderrechnungen in folgender Weise emporgekommen war.

Die Einführung geordneter Kalendereinrichtungen und die stetige Verbesserung derselben war durch weise Männer eifrig gefördert worden, weil mit Recht ein fester gemeinsamer Kalender als ein wichtiges Element sozialer Einheit und Wohlordnung erachtet und es daher auf diesem Gebiete verschmäht wurde, Macht und Einfluß durch Bewahrung einer Geheimlehre zu sichern. Bei manchen Völkern aber, z. B. bei den Römern, hatten selbstsüchtige und wissensfremde Priesterschaften es auf die Dauer mehr ihrem Interesse gemäß befunden, die Kalendereinrichtungen im Dunkeln zu lassen oder immer wieder etwa auf

Grund von wirklichen oder erdichteten Beobachtungen willkürlich in dieselben einzugreifen. In der Tat ging den Sehern und Weisen eines Volkes ein Teil ihres Einflusses verloren, wenn sie die mittels andauernder Aufzeichnung der Himmelserscheinungen von ihnen erlangte Kenntnis der Umlaufszeiten der Himmelslichter und der daran geknüpften chronologischen Perioden durch feste Kalendereinrichtungen zum Gemeingut aller machten, und noch stärker mußte dieser Verlust sein, wenn die unvermeidlichen Ungenauigkeiten dieser öffentlichen Vorausbestimmungen nach einiger Zeit offenbar wurden und zu wiederholten Verbesserungen der Kalendervorschriften nötigten, oder wenn infolgedessen gar verschiedene Systeme der Tag- und Monatszählung sich öffentlich um den Vorzug stritten. Die Schwierigkeit bestand dabei bekanntlich stets in dem Umstande, daß sowohl die Lichtgestalten des Mondes als auch die Stellungen der Sonne am Himmel nicht in einer vollen Anzahl von Tagen wiederkehren und daß ein Sonnenjahr keine volle Anzahl von Monaten faßt, daß vielmehr, wie oben schon näher erörtert wurde, die Wiederkehr der Lichtgestalten des Mondes sich in etwas mehr als $29^1/_2$, der Stellungen der Sonne aber in etwas mehr als 365 Tagen vollzieht, daß mithin ein Sonnenjahr 12 Monate und etwas weniger als 11 Tage enthält.

Wenn man also, wie oben schon kurz erörtert, z. B. Monate von 29 und 30 Tagen miteinander wechseln ließ, ferner jedes Sonnenjahr zu 365 Tagen ansetzte und nach 99 solchen Monaten und 8 solchen Jahren die Zählung der Monate wieder mit demselben Jahresdatum zusammenfallen ließ, konnte man zwar eine vorübergehende Übereinstimmung mit den Erscheinungen erreichen, aber schon nach mehreren Jahren mußte doch das Monatsdatum vom Monde abirren, und nach einigen Jahrzehnten mußte auch das angenommene Sonnenjahr eine merkliche Abweichung von der Wiederkehr derselben Stellungen des Mondes und der Sonne und sogar von der Wiederkehr derselben Wärmewirkungen der Sonne zeigen.

Eine erhebliche Verbesserung konnte man ja im einzelnen erlangen, wenn man in der Abwechselung von 29- und 30tägigen Monaten alle 33 Monate einmal zwei 30tägige hintereinander folgen ließ, wenn man ferner jedes vierte Sonnenjahr nicht zu 365, sondern zu 366 Tagen ansetzte, und wenn man endlich alle

19 Jahre, in dem sogenannten „goldenen“ Zyklus, die Zählung der Mondmonate wieder an demselben Sonnendatum begann: aber ein streng gesetzmäßiges und vollständiges Zusammentreffen dieser Zyklen von Tagen, Monaten und Jahren untereinander war auch hierdurch nicht zu erreichen. Kurzum, das Problem war auch rein arithmetisch ein schwieriges, insbesondere solange man daran festhielt, die Unterabteilungen des Sonnenjahres durchaus an die Erscheinungen des Mondes zu knüpfen, und es ist daher nicht zu verwundern, daß viele unzureichende Verbesserungsversuche gemacht wurden, ehe man das Zweckmäßige und hinreichend Richtige traf.

Auch der Gründer des Islam erkannte deutlich die oben erwähnte Gefahr, welche die Unvollkommenheit der Versuche, den Kalender auf längere Zeit im voraus zu ordnen, für das Ansehen der Vertreter der Religion und der Ordner der Festrechnung hatte, wozu noch die wohlbegründete Befürchtung trat, daß der kaum zu vermeidende Streit verschiedener Kalenderformen das Sektenwesen befördern würde. Mohammed verbot deshalb jegliche Schalteinrichtung zwischen Mond- und Sonnenjahr und knüpfte die Festansagen wieder allein an die Beobachtung und Ausrufung des Neulichtes des Mondes.

Während somit die besonderen Schwierigkeiten der chronologischen Aufgaben zwar zur Förderung der Beobachtung der Himmelserscheinungen und der Kenntnis ihrer Perioden und Umlaufszeiten beigetragen, aber andererseits auch die Vorausberechnungen einigermaßen in Mißkredit gebracht hatten, waren eben dieselben astronomischen Forschungen schon früh, z. B. in Babylon bereits viele Jahrhunderte vor der Eroberung durch Alexander den Großen, zu einigen anderen wichtigen Resultaten gelangt, welche, außerhalb der eigentlich chronologischen Sphäre stehend, den Astronomen einen erheblichen Einfluß auf die Gemüter der Menge sicherten und somit den durch öffentliche Festsetzung der Kalendereinrichtungen und die dabei hervortretenden Ungenauigkeiten leicht verloren gehenden Einfluß reichlich einbrachten. Und zwar geschah dies durch eine Lehre, welche sich der beim Kalender auf die Dauer unabweisbaren öffentlichen Kontrolle wiederkehrenden Eintreffens oder Nichteintreffens entschlagen konnte, nämlich durch die Begründung der Astrologie.

Die regelmäßige und andauernde Aufzeichnung der Himmelserscheinungen hatte schon früh und, wie es scheint, zunächst in China einen Zyklus von 18 Jahren und nahezu 11 Tagen ($6585^1/_3$ Tagen) kennen gelehrt, in welchem sich die Mondfinsternisse in einer und derselben Reihenfolge wiederholen, und in welchem auch die Möglichkeit von Sonnenfinsternissen, deren wirklicher Eintritt für einen bestimmten Ort noch mehr von der Erfüllung besonderer engerer Bedingungen der Zeit und der geographischen Lage abhängig ist, in derselben Folge wiederkehrt. Die auf die Kenntnis einer solchen Periode gegründeten Voraussagungen von Finsternissen, also von Phänomenen, die nicht wie die chronologischen Grundphänomene stetig und regelmäßig ihren Ablauf hatten, sondern vielmehr als erschreckende Trübungen des himmlischen Lichtzustandes erschienen, mußten natürlich einen ungeheuren Eindruck machen — wie er uns ausdrücklich in mehreren Fällen geschildert wird — und mußten die Sternkunde ganz besonders als eine prophetische Weisheit in den Augen der Menge erscheinen lassen.

Es erscheint ziemlich verbürgt, daß schon zwischen 2000 und 3000 v. Chr. in China eine Staatsinstitution bestand, durch welche auf Grund jener Finsternisperioden der bevorstehende Eintritt von Mondfinsternissen angesagt wurde, und daß in Verbindung mit diesen Voraussagungen Zeremonien angeordnet wurden, durch die gewissermaßen die vorausgesetzten bösen Wirkungen der offenbaren Störung des Himmelszustandes eine Beschwörung oder Milderung zu erfahren hatten.

Auch für die Sonnenfinsternisse, deren Eintreffen, wie ich schon erwähnt, dieser Periode nicht mit solcher Sicherheit folgte, wie das Eintreffen der Mondfinsternisse, lag es nahe, ähnliche Zeremonien anzuordnen. Es war dann auch naheliegend, daß man bei den Sonnenfinsternissen das Nichtzutreffen der bei den Mondfinsternissen völlig sicher bewährten Perioden dadurch deuten konnte, daß man jene Störung des Himmelszustandes gerade durch die gottesdienstlichen Anordnungen verhütet habe, während natürlich auch bei den eintreffenden Sonnenfinsternissen, die ja noch viel eindrucksvoller sein können als die Mondfinsternisse, die Wirkung auf die Gemüter ebenso durch die vorangehende Anordnung der Zeremonien gemildert wurde.

5. Der Kalender und die astrologische Weissagung.

Die Entwickelung des Sonnenkalenders und seine Anknüpfung an die Stellungen der Sonne zu gewissen Fixsternen und Sternbildern mußte sodann notwendig die Vorstellung von einem besonderen Einfluß der Sterne auch im Volke erwecken. Wenn das erste Erscheinen eines Sternes in der Morgendämmerung für wichtige irdische Vorgänge, für Wetter und Wind, für Wasserflut und Trockenheit, für Wachstum und Ernte maßgebend war, so konnte es gar nicht anders sein, als daß diese bloß chronologische Bedeutung des Sternes im Volksglauben zu einer ursächlichen wurde und seinem Erscheinen wie seinen Stellungen am Himmel überhaupt eine Fülle von Bedeutungen und Einflüssen verlieh.

Außerdem waren allmählich mit dem Fortschreiten der Sternkunde auch die Bewegungen der fünf hellen Sterne, welche ihren Ort am Himmel, wie Sonne und Mond, veränderten, und von denen zwei sich wie Begleiter der Bewegung der Sonne anzuschließen schienen, näher ergründet worden, und diese fünf Planeten, welche wegen ihrer Bewegung unter den Sternen der Erde näher zu sein schienen als die ferne Fixsternwelt, hatten an der Vergöttlichung der Sonne und des Mondes früh einen gewissen Anteil genommen. Sie waren mit Sonne und Mond zu einer heiligen Siebenzahl von Himmelsmächten geworden. Diese Siebenzahl wurde vermutlich auch für die Begründung des kleinsten chronologischen Zyklus, der siebentägigen Woche, welche allerdings am einfachsten durch die Zeit zwischen zwei Mondwechseln gegeben zu sein scheint, schon früh mitwirkend und später jedenfalls von Bedeutung für die allgemeine Einführung und Erhaltung dieser Einrichtung und für die Namen der Wochentage.

Es war nun durchaus natürlich, daß die mythischen Bedeutungen und Namen, deren Träger die Planeten wurden, auch ihren Stellungen am Himmel untereinander und zu den im Jahreskalender wichtig gewordenen Fixsternen einen deutungsreichen Inhalt verliehen, zumal wenn die Vergöttlichung eines Planeten demselben einen besonders scharf ausgeprägten Charakter gab, der etwa durch die Eigentümlichkeit des Planeten selbst, wie beim Mars durch das auffallend rötliche Licht, bedingt und verstärkt wurde.

So verband sich die Vorhersagung der Finsternisse und anderer Konstellationen als die einzige Kenntnis zukünftiger Dinge, die der Mensch bis dahin gewonnen hatte, ferner die Bedeutung der Sternaufgänge und -untergänge im Jahreskalender und die mythische Charakterisierung der Planeten mit der tiefen Neigung der Menschen, den Schleier der Zukunft durch Orakelsprüche gelüftet zu sehen, und mit der tiefen sehnsuchtsvollen Pietät für die Lichter des Himmels und ihren stetigen geordneten Gang über allem irdischen Wechsel zu dem mächtigen und einflußreichen System von Vorbedeutungen und Weissagungen, von Vorschriften, Warnungen und Antrieben, welches zwei Jahrtausende lang das Leben der Kulturvölker erfüllte, und auch jetzt noch aus der Einbildungskraft des Volkes und sogar vieler im Denken sonst gewissenhaften Menschen nicht ganz verschwunden ist, stets aufs neue genährt durch einen alten Gedächtnisfehler des Menschen, von dem Keppler schlicht und treffend sagt:

> „Das Fehlen (Nichteintreffen der astrologischen Vorhersagungen) vergißt man, weil es nichts besonderes ist; das Eintreffen behält man, und damit bleibt der Astrologus in Ehren."

Der Kalender selbst ist erst spät ein Organ für die Angaben von Lebens- oder Schicksalsbedeutungen der Himmelserscheinungen geworden; zunächst blieben dieselben in ähnlicher Weise wie die ersten chronologischen Erfolge wohl lange Zeit hindurch Geheimlehre und wurden nach der Weise priesterlicher Orakel ausgebeutet. In der Tat konnten sich die Anfänge dieser gänzlich eingebildeten und auf Selbsttäuschungen beruhenden Lehre nur mit einiger Zurückhaltung entwickeln, und erst, nachdem einzelne zufällige Erfolge erzielt waren, konnte der Glaube an Schicksalsdeutungen aus den Stellungen der Gestirne in den geneigten Gemütern so feste Wurzeln schlagen, daß die Prophezeiungen selbst dazu beitrugen, die angekündigten Ereignisse herbeizuführen, und daß jahrhundertelang kein nachhaltiger Zweifel dagegen zur Anerkennung gelangte.

Als die mehr oder weniger willkürlichen, auf anderweitige Schlußfolgerungen begründeten und nur mit der Autorität der Himmelsmächte geschmückten Anfänge der astrologischen Weissagungslehre aus den Händen von Priesterschaften in den Besitz von Philosophen und Forschern, wie die griechischen Astronomen der alexandrinischen Schule waren, gelangten, nahm die Astrologie allmählich einen gewissen wissenschaftlichen Charakter an. Als wissenschaftlichen Hauptbeweis dafür, daß außer der Sonne auch die anderen Himmelskörper einen direkten Einfluß auf die irdischen Natur- und Lebenserscheinungen ausüben, wurde unter anderem von Ptolemäus die Tatsache betrachtet, daß der Mond in Ebbe und Flut die großen Gewässer der Erde bewegte. Ferner schien der Mond den Schlafzustand reizbarer Menschen zu beeinflussen und bei der Wiederkehr der Zeiten der weiblichen Empfängnis durch die Dauer seines monatlichen Umlaufes bestimmend einzuwirken. — Auf der Grundlage dieser allgemeinen Voraussetzungen versuchte man zunächst die besonderen Lebens- und Schicksalsbedeutungen der jedesmaligen Stellungen des Mondes und der Planeten im bilder- und bedeutungsreichen Tierkreise wirklich erfahrungsmäßig zu bestimmen, indem man teils aus den Überlieferungen, teils durch zurückgreifende astronomische Berechnungen ermittelte, welche Stellungen der Gestirne bei der Geburt und bei den wichtigsten Lebensereignissen bedeutender Menschen oder überhaupt in der Verkettungsreihe wichtiger Ereignisse stattgefunden hatten. Das scheinbar Gemeinsame der ungefähren Wiederkehr des Zusammentreffens gewisser Konstellationen mit gewissen glücklichen oder unglücklichen Ereignissen leitete man aus diesem Erfahrungsmaterial der Vergangenheit ab und begründete darauf die Hauptprinzipien der Vorhersagung für die Zukunft. Natürlich mußte diese strengere Lehre auch eine gewisse Anzahl von scheinbar bewährten Deutungen in sich aufnehmen, welche nicht durch Schlüsse aus der Vergangenheit gefunden, sondern rein erdichtet waren, oder welche mit dem mythischen Charakter der einzelnen Himmelsgottheiten zusammenhingen.

So galt der Planet Saturn oder Kronos im allgemeinen für zerstörend und unheilvoll, wie der gewaltsame, zerstörende Zeitgott, dessen Namen er trug; der Planet Jupiter dagegen bedeutete im allgemeinen Glück, Hoheit und Schönheit. Der Planet Mars vertrat bei den Vorbedeutungen das Element des Gefährlichen und Rohen, Venus des Weichen und Angenehmen, Merkur des Zweideutigen und Trügerischen. Jeder dieser Planeten hatte aber etwas veränderte Bedeutungen, je nach der Stellung, die er bei der Geburt eines Menschen gerade im Tierkreise am Himmel einnahm, wie nach seiner Stellung zum Horizonte, bei Tage oder bei Nacht. Von den zwölf Zeichen oder Häusern des Tierkreises gehörten der Sonne und dem Monde je eins, nämlich der Sonne der Löwe, dem Monde der Krebs, den fünf Planeten dagegen je zwei, und die Wirkungen jedes dieser Himmelskörper galten als gesteigerte, wenn er sich gerade in einem ihm zugehörigen Hause des Tierkreises oder an besonderen für ihn kritischen Punkten anderer Häuser des Himmels befand.

So empfing die Bedeutung und Vorbedeutung der Gesamtlage der Himmelserscheinungen den entscheidenden Charakter durch die überwiegenden Wirkungen eines oder mehrerer, Glück oder Unglück bringenden oder kündenden Planeten, welche gerade an Stellen ihres gesteigerten Einflusses standen.

Das sogenannte Horoskop aber und die daraus für das ganze Leben eines Neugeborenen gezogene Vorbedeutung wurde abgeleitet aus demjenigen Punkte innerhalb der Sternbilder des Tierkreises (der Ekliptik), welcher in dem Zeitpunkte der Geburt im Aufgang begriffen war. Nicht nur war der Planet, zu dessen Hause diese Stelle des Tierkreises gehörte, der bestimmende Gebieter des Lebens, sondern die einzelnen Teile des Tierkreises hatten auch allmählich an sich durch die Zugehörigkeit zu den einzelnen Planeten reichere Spezialbedeutung gewonnen, welche den in der Geburtsstunde aufgehenden Punkten des Tierkreises einen selbständigen Anteil an der Vorbedeutung verschafften. Der Einfluß des gebietenden Planeten des Horoskops wurde wieder wesentlich bedingt durch die Stellung, die der Gebieter selbst zur Geburtszeit am Himmel einnahm, und auch die anderen Planeten sprachen nach ihren verschiedenen Stellungen am Himmel ein gewichtiges Wörtchen mit. Endlich entwickelte sich sogar ein vollständiges System, aus diesen verschiedenen Stellungen oder Aspekten zur Geburtszeit die wichtigeren Vorgänge jedes einzelnen Lebensjahres des Geborenen im voraus anzugeben. Ursprünglich war dies ganz sinnvoll gewesen, indem man aus den Stellungen der Planeten bei der Geburt mit Hilfe der Umlaufszeiten der Planeten und später mit Hilfe der genäherten Theorie aller ihrer Bewegungen vorausberechnen konnte, wie sie in jedem Lebensjahre des Geborenen stehen mußten; doch artete das Ganze häufig in ein willkürlich erfundenes Spiel mit Zahlenverhältnissen aus.

In der römischen Kaiserzeit wurden auf Grund eines solchen Versinkens der Astrologie in Geldmacherei und Aberglauben die Astrologen, die man einfach als „die Chaldäer" bezeichnete, vielfach geächtet und als Schwindler verfolgt. Zwei Kaiser, Septimius Severus und Alexander Severus, kamen ihnen zu Hilfe, indem sie den Astrologen die Benennung als „die Mathematiker" gaben. Das half aber nichts, denn nachher wurden sie auch als „die Mathematiker" geächtet. Inzwischen war jedoch in der griechisch-römischen Kulturwelt mit Alexandria als Mittelpunkt die Beobachtung und die Vorausberechnung der Stellungen des Mondes und der Planeten immer eifriger betrieben worden. Hierdurch gewann dann zugleich mit der Astronomie auch die Astrologie einen neuen Aufschwung, insbesondere zwischen dem 8. und 14. Jahrhundert n. Chr. bei den Arabern und von der Mitte des 13. Jahrhunderts an auch im Abendlande.

Vom 15. Jahrhundert ab erhielten diese Vorausberechnungen auch außerhalb der chronologischen und astrologischen Interessen erhöhte Wichtigkeit durch die vermehrten Forderungen der mit den großen Entdeckungsfahrten mächtig erwachten Schiffahrt. Die Vorausberechnungen in Kalendern und Ephemeriden (Nürnberg und Ulm traten an die Spitze dieser Literatur) verbreiteten sich immer mehr mit Hilfe der in Süddeutschland emporgekommenen Buchdruckerkunst, und die Kalender füllten sich nun mit vielen Angaben, die aus astrologischen Ideen hervorgingen und dieselben nährten, so daß noch gegen Ende des 17. Jahrhunderts und im Laufe des 18. Jahrhunderts in den Kalendern ein wunderliches abergläubisches Gemisch von Vorschriften und Winken enthalten war, welche sich zwar überwiegend nur auf Witterungs-, Gesundheits- und Lebensregeln — z. B. wann gut schröpfen und gut aderlassen sei — bezogen, aber doch noch deutlich an das astrologische Wesen der Konstellationen anknüpften. Bekanntlich zirkulieren ja auch jetzt noch Abdrucke von Kalendern mit ausführlichen Angaben der Bedeutungen der Planeten usw., und selbst sogenannte „Planeten", d. h. ergötzliche Schilderungen, wie sich die Kindlein entwickeln werden, die unter dem und dem Himmelszeichen usw. geboren sind. Wir finden außerdem noch viele Reste jenes Glaubens an die Sterne in zahlreichen Gewohnheiten und Vorurteilen, z. B. in betreff der schlimmen Tage und der schlimmen Zahlen, wie ja auch die Sprache u. a. in dem Wort „Unstern" den Gedanken der Abhängigkeit des Schicksals vom „Stern" aufbewahrt.

Dem oberflächlichen Blick wird die ganze Astrologie nur als ein verdrußerregender Irrtum der Menschheit erscheinen, der tieferen Betrachtung dagegen wird sie, selbst abgesehen von der großen Förderung, welche durch das Interesse der Menschen an diesem Irrtum auch der Erkenntnis der astronomischen Wahrheiten zugute gekommen ist, in wichtigem Zusammenhange mit dem gesamten Gebiet der Abhängigkeitsempfindungen von höheren Mächten und wohl als eine der reinsten Formen unter den, wie es scheint, unerläßlichen Abstufungen menschlichen Wahnglaubens erscheinen.

Die trübenden und verwirrenden Einflüsse der Astrologie sind sicherlich im Verhältnis zu anderen Irrtümern gleicher Kulturstufe nicht groß gewesen, während andererseits der Gedanke, daß die großen Himmelsmächte in erkennbarer Gesetzmäßigkeit die Schicksale regierten, nicht nur dem Leben der großen, sondern auch der gewöhnlichen Menschen häufig einen idealen Zug, ein weihevolles Bewußtsein verliehen hat, wie es der gedankenlosen Plattheit derjenigen ganz fehlt, welche den Aberglauben aufgegeben und doch keine reinere Erhebung durch die selbsttätige oder empfängliche Teilnahme an der großen gemeinsamen Menschenfreude klareren Denkens und Forschens gewonnen haben.

6. Die letzte Entwickelungsstufe der astrologischen Weissagung.

Es wird indessen nicht ohne Interesse sein, auch ein namhaftes Beispiel anzuführen von der seltsamen Entartung, welche noch in den letzten Stadien der Geltung der Astrologie eingetreten war.

Zu Kepplers Zeit, am Ende des 16. und am Anfang des 17. Jahrhunderts, hatte der Betrieb der Astrologie noch eine eigenartig raffinierte Form angenommen und einen besonderen Aufschwung erfahren.

Die kulturgeschichtliche Erklärung hierfür ist höchst bedeutsam. Es sei zunächst nur bemerkt, daß in diesem Betriebe das folgende Verfahren sich damals eingeführt hatte.

Ein vornehmer Herr, der einen Blick in die Zukunft seiner Lebensentwickelung, insoweit sie von der Gunst oder Ungunst der Stellung der Gestirne bedingt würde, erlangen wollte, der also, mit kurzem Wort, ein „Horoskop" haben wollte, wandte sich zuerst durch einen Mittelsmann, der ihm das Anonymbleiben (man wird gleich sehen, zu welchem Zweck) ermöglichte, an einen namhaften Astrologen, indem er lediglich den Zeitpunkt seiner Geburt angab und daraus ein Lebensbild, sowohl für die schon vergangene als auch für die künftige Lebenszeit, nach dem Stande der Gestirne bei der Geburt und für alle Lebensjahre von der Geburt bis zum Lebensende zu entwerfen bat.

Die Anonymität hatte den Zweck, die Unbefangenheit des Astrologen zu wahren, damit dieser nicht seine horoskopische Konstruktion der Ereignisse des bereits vergangenen Lebensabschnittes den wirklichen Erlebnissen anpassen könnte. Unter der Annahme, daß der Astrologe von diesen letzteren gar nichts wisse, und sie auch nicht etwa aus der Geburtszeit oder aus sonstigen Kombinationen erraten gekonnt habe, zu denen ihm etwa unabsichtlich oder in unlauterer Weise der Mittelsmann die Hand geboten hätte, also unter der Voraussetzung der vollen Redlichkeit und Unbefangenheit des Astrologen, bildete alsdann der Grad der Übereinstimmung, welcher sich zwischen der astrologischen Charakterisierung des bereits vergangenen Lebensabschnittes und den wirklichen Erlebnissen ergab, die Grundlage und das Maß des Vertrauens, mit welchem nun der Empfänger des Horoskops die astrologischen Angaben für die Zukunft betrachtete.

Wurde das bereits vergangene Leben in dem, anscheinend ohne seine Kenntnis, nach „astrologischen Gesichtspunkten und Erfahrungen" entworfenen Lebensbilde wenigstens hinsichtlich seines wesentlichen Verlaufes und hinsichtlich der Zeitpunkte besonders wichtiger und eindrucksvoller Vorgänge einigermaßen zutreffend wiedergegeben, so erschien natürlich auch der auf die zukünftige Entwickelung desselben Lebens bezügliche Teil des Horoskops besonders stark und sicher begründet.

Wir besitzen nun den Wortlaut des Horoskops, welches Wallenstein im Jahre 1608, also in seinem 25. Jahre, sich anonym, mit bloßer Angabe seiner Geburtszeit, von Keppler erbeten hatte. Es ist aus Kepplers Akten nicht völlig sicher feststellbar, ob Keppler trotz der Anonymität der Einsendung eine Kenntnis oder auch nur eine Vermutung von der Person des Einsenders und von seiner bisherigen Lebensentwickelung hatte. Die größte Wahrscheinlichkeit besteht dafür, daß die immerhin mögliche Vermutung nur eine sehr unbestimmte war und wohl nur darin bestand, daß der Einsender eine vornehme Person und von hohen Lebensgedanken erfüllt sei, die in ihm ein besonderes Verlangen nach der Gunst der Himmelsmächte anregten.

Das damals von Keppler aufgestellte Horoskop hat nun offenbar sofort einen großen Eindruck auf Wallenstein gemacht. Der Schicksalsprophet spricht zu ihm in hohen Tönen von den Ereignissen und von den Gedanken, die dieses Leben erfüllen würden. Kepplers große Seele, die vom Beginn seiner Lebensarbeit an mit erhebenden Gedanken erfüllt war, hat hier offenbar eine tiefe Wirkung auf eine andere starke Menschenseele ausgeübt, wie er denn überhaupt die Schicksalsvoraussagungen, die er fast widerwillig lieferte, mit tiefen Gedanken für sich selber und für den Empfänger zu weihen liebte.

Wallenstein fand die in dem Horoskop enthaltene Schilderung seiner persönlichen Eigenschaften und seiner Lebensentwickelung so anmutend, so nahe übereinstimmend mit einigen wichtigen Ereignissen seiner Vergangenheit und mit seiner ganzen bisherigen Charakterentwickelung, daß er im Jahre 1625, also 17 Jahre nach dem Empfang der Prognose, und zwar jetzt mit offenem Visier, an Keppler die Frage richtete, ob nicht möglicherweise die Übereinstimmung zwischen der Voraussagung und dem Verlauf seines Lebens noch in einigen Punkten verbessert werden könnte durch eine kleine Änderung der Annahme seiner Geburtsstunde.

Keppler vollzog dann etwas widerwillig die hierzu erforderliche Berechnung, und er fand, daß in der Tat die Übereinstimmung der Voraussagung mit dem wirklichen Geschehenen noch erheblich verbessert werden könnte, wenn man die Geburtszeit um $6^1/_2$ Minuten später ansetze, als vorher angenommen worden sei. Gleichzeitig aber enthält das bezügliche Schreiben an Wallenstein die schärfste Verurteilung des Unsinns und der Unwahrhaftigkeit eines solchen Anpassungsverfahrens, welches damals offenbar ein gebräuchliches Raffinement der Prophetenkunst bildete.

Wallenstein aber hatte überwiegend nur den Eindruck, daß das nach jener Richtung verbesserte Horoskop nunmehr in der Tat die wesentlichen Momente seines bisherigen Lebens zutreffend und vollständig darstellte, und er hatte fortan, trotz lebhaften Protestes Kepplers, den festen Glauben, daß dies Horoskop nun auch für sein weiteres Leben volle Geltung haben werde.

Hieraus war dann, trotz aller Warnungen Kepplers, auch der feste Glaube bei Wallenstein entstanden, daß eine im März 1634 zu erwartende Konstellation von Mars und Saturn, welch letzterer Planet überhaupt eine besondere Wichtigkeit in seinem Horoskop hatte, in jenem Zeitpunkt für sein Schicksal eine besonders verhängnisvolle Bedeutung haben könnte.

Der Briefwechsel und das zeitweise Zusammenleben der beiden Männer (in Sagan) ist stark erfüllt gewesen mit solchen Erörterungen, in denen Keppler stets als der Warnende und den Sternaberglauben einschränkende auftrat.

Er hat aber nicht zu verhüten vermocht, daß nach seinem im Jahre 1630 erfolgten Tode jene böse Epoche doch noch von einer entscheidenden Bedeutung für Wallenstein wurde, ganz in derselben Weise wie der Glaube an die Prophezeiung so häufig deren Erfüllung herbeiführen hilft. Wenige Wochen vor der drohenden Stellung von Saturn und Mars hatte die durch jenen Ausblick gesteigerte Aktion Wallensteins gegen seine Feinde seinen Tod am 25. Februar 1634 zur Folge.

Daß aber überhaupt noch in dieser Zeit — ein Jahrhundert nach Kopernikus — eine solche Steigerung des Glaubens an die Himmelsmächte und -einflüsse eingetreten war (auch Kaiser Rudolf II., sowie im Norden König Jacob I. von England und die ganze dänische Königsfamilie waren davon tief ergriffen), dafür ist die Erklärung wesentlich darin zu finden, daß damals zugleich der Glaube an das Eingreifen der Höllenmächte in das irdische Leben ungewöhnlich gesteigert war, was sich besonders in dem Elend der Hexereiverfolgungen so schmählich betätigte.

Der Teufel und die höllischen Mächte schienen ja überall da im Spiel zu sein, wo ein Alchymist, ein Goldmacher usw. in explosiven Flammenerscheinungen sein Ende fand. Es war eben der erste Beginn des Auftretens der jetzt so machtvoll entwickelten Explosivkräfte (damals nur im Schießpulver), wodurch der visionäre Glaube an das Eingreifen der Höllenmächte in das irdische Leben gesteigert worden war. Demgegenüber erschien selbst so bedeutenden Männern wie Melanchton, Tycho Brahe, ja eine Zeitlang selbst unserm Keppler, die Kultivierung des Glaubens an die Einflüsse der himmlischen Gestirnmächte wie eine Art von rettender Gegenwirkung.

Ganz nüchtern betrachtet hat übrigens die Anknüpfung von Gesundheitsvorschriften u. dgl. an Einflüsse der Gestirne auch einen unzweifelhaften Vorteil gewährt, dessen wohltätiger Einfluß wieder den Glauben befestigen half. Die Annahme besonderer geheimnisvoller Wirkungen nämlich sicherte solchen Vorschriften durch den Zwang, den sie der menschlichen Bequemlichkeit und Willkür entgegensetzte, eine regelmäßige Erfüllung und eben dadurch in manchen Fällen eine heilsame Wirkung, die sie an sich nicht hatten. Dieser verloren gegangene Vorteil wird sicherlich durch die kräftigeren Mahnungen reiferen Verständnisses und in noch höherem Maße durch zweckmäßig erdachte und geleitete früheste Gewöhnungen der Menschen, sowie durch den Fortschritt aller Gesamteinrichtungen des Lebens ersetzt.

7. Der Kalender und das Wetter.

Wir haben nun noch eine Seite des bisherigen Kalenderwesens zu betrachten, welche mit den astrologischen Vorhersagungen in einem gewissen Zusammenhange steht, nämlich die Wetterprophezeiungen.

Bei den ältesten Kulturvölkern war die Witterung nicht in dem Grade ein Gegenstand des täglichen Interesses und der Sorge gewesen, wie in den Gegenden, in welchen jetzt die reichste Kultur ihren Sitz aufgeschlagen hat. In denjenigen Gegenden Asiens, Südeuropas und Nordafrikas, in welchen zuerst am eifrigsten gedacht und geforscht wurde, haben sowohl die täglichen wie die jährlichen Veränderungen der Wärme, Windrichtung, Himmelsbedeckung und Niederschlagsbildung einen bei weitem regelmäßigeren und gesicherteren Verlauf als in unseren Breiten. Auch gewährte dort die Natur in größerer Fülle ihre Gaben, so daß die Abhängigkeit des allgemeinen Wohlstandes von den

Witterungserscheinungen bei weitem weniger peinlich und beunruhigend war, als es in unseren Klimaten der Fall ist. Eine Ausnahme hiervon bildete nur Ägypten, dessen Ernte fast ausschließlich von den Nilüberschwemmungen abhängig war, aber auch nur während einer verhältnismäßig sehr kurzen Zeit des Jahres in Frage gestellt werden konnte.

Wie der allgemeine Verlauf der großen jährlichen Wetterveränderungen in dem Kalender der alten Völker an die Auf- und Untergänge der helleren Sterne in der Morgen- und Abenddämmerung geknüpft wurde, haben wir bereits oben auseinandergesetzt. Als nun aber Kultur und Kalender auch in jene nördlicheren Gegenden vordrang, welche der Hauptschauplatz des unablässigen Kampfes der großen, von dem Äquator zu den Polen dringenden warmen Luftströmungen mit den von den Polen zum Äquator drängenden kalten Luftmassen sind, und welche dadurch einen täglichen und jährlichen Witterungswechsel von einer unvergleichlich größereren Veränderlichkeit und Ungewißheit erleiden, da genügte es nicht mehr, die Wandlungen der Witterung an die langsamen Veränderungen des Standes der Sonne zu den Sternen anzuknüpfen, sondern es entwickelte sich naturgemäß in Verbindung mit der bereits dargelegten Neigung, Irdisches durch himmlische Einflüsse regiert zu denken, auch ein System von vielgestaltigen Vorbedeutungen der Himmelserscheinungen für das Wetter, und ganz natürlich wurde der schnellstbewegte Himmelskörper, der Mond, auch als der mächtigste Regierer des schnelleren Witterungswechsels angesehen. Überall wurde es im Laufe des Mittelalters eine Aufgabe der Kalenderverwalter, auf Grund der Beobachtung der Himmelserscheinungen und im geringen Maße auch der Beobachtung der Witterung selbst, das Wetter zu prophezeien, und die Aufgabe war nirgends eine undankbare; denn überall wurde ein eklatantes Eintreffen ein Anhaltspunkt begeisterten Glaubens an den Propheten, und nirgends kümmerte man sich andauernd um das Nichteintreffen.

So hat der Glaube an den Witterungseinfluß des Mondes noch bis jetzt eine Festigkeit und eine Verbreitung bewahrt, welche den Angaben der sogenannten Mondwechsel im Kalender einen besonderen Wert zu verleihen scheint. Viele kümmern sich dabei nicht um die Art, wie der „Mondwechsel“ auf die

Witterung wirken kann, sondern folgen nur unbewußt der alten astrologischen Neigung, das Rätselhafte himmlischen Einflüssen zuzuschreiben; andere dagegen nehmen zwar auch die Tatsache des Mondeinflusses als unbestreitbar an, machen sich aber eine Art von wissenschaftlicher Erklärung dafür. Das Mondlicht zerstreut die Dünste, sagen sie, oder der Mond, welcher Ebbe und Flut des Wassers bestimmt, bewirkt auch eine Ebbe und Flut im Luftkreise und hilft so das Wetter regieren. Das klingt ganz wissenschaftlich, hat aber doch nichts zu bedeuten. Wir wollen nicht weiter hervorheben, daß in verschiedenen Gegenden zur selbigen Zeit und Mondstellung sehr verschiedene Wetterveränderungen eintreten, worauf man erwidern könnte, daß der Mondwechsel nicht ein bestimmtes Wetter mache, sondern nur „kritisch“ wirke, d. h. einen Anstoß zur Veränderung überhaupt gebe; aber ganz abgesehen davon, daß der Einfluß der Ebbe und Flut, welche der Mond wirklich in der Luft erzeugt, in den anderen viel größeren Schwankungen, die der Luftdruck nach dem Zeugnis des Barometers in unserem Klima erfährt, fast völlig unmerklich bleibt, ist eben der sogenannte „erfahrungsmäßige“ Einfluß des Mondes auf die Veränderungen der Witterung nicht nur nicht unbestreitbar, sondern sogar durch sorgfältige Aufzeichnungen jetzt als gänzlich in Zweifel gestellt anzusehen.

Noch neuerdings hat die Sternwarte in Greenwich, die sich vorzugsweise mit der Beobachtung der Bewegungen des Mondes beschäftigt, aus ihren langjährigen Beobachtungsregistern des Mondes und des Wetters die gänzliche Bedeutungslosigkeit der Stellung und Lichtgestalt des Mondes für den Zustand der Atmosphäre so einleuchtend dargelegt, daß alle entgegenstehenden sogenannten „Erfahrungen“ als nicht erheblich betrachtet werden müssen.

Übrigens muß man sich auch vor Augen halten, daß die Perioden des Mondumlaufes nicht sehr stark verschieden sind von den Perioden, in denen die Umdrehung der Sonne gegen die bewegte Erde sich vollzieht. Von den elektrischen und magnetischen Wirkungen, die von der Sonne ausgehen, finden wir immer deutlichere Evidenz in wichtigen irdischen Erscheinungsgruppen, die uns manchmal in ihrer Periodizität den Mond als Ursache vortäuschen können.

Mit der sogenannten „Erfahrung“ ist es doch eine eigene Sache. Das menschliche Gedächtnis für Vergangenes ist ein gar launisch Ding, wie wir oben schon mit Kepplers Worten hervorgehoben haben, und die Erinnerung derjenigen Menschen, die nicht systematisch gelernt haben, reine und vollständige, d. h. von Interessen und Neigungen nicht getrübte und verstümmelte Erfahrungen zu sammeln und danach folgerichtig und gewissenhaft zu urteilen, hat für die Erkenntnis allgemeiner Tatsachen in der Regel herzlich wenig zu bedeuten. Wissenschaftlich geordnete Erfahrungen bewahren zwar auch nicht vor Fehlschlüssen, und es ist schon oft genug vorgekommen, daß voreilige Schlüsse der Wissenschaft, welche dem ruhigen Blicke einfacher Praktiker widerstrebten, nachher auch an der Macht weiter entwickelter wissenschaftlicher Erfahrungen zerschellt sind; aber auf dem vorliegenden Gebiete steht die Sache doch entschieden anders. Hier sind die sogenannten Praktiker die Phantasten, und jene kümmerlichen Reste alten Wahnglaubens können sich an geistigem Wert nicht vergleichen mit den einfachen und klaren Folgerungen gereinigter Messungen und Zählungen.

Werfen wir daher alle gegenwärtig noch vorhandenen Anmaßungen, den Charakter und die Veränderungen des Wetters für längere Zeit und für einen einzelnen Ort oder ein kleines Stück der Erdoberfläche voraussagen zu wollen, zu den Trümmern der Astrologie, und helfen wir lieber in immer größeren Kreisen durch gewissenhafte Aufzeichnungen mitbauen an der Entwickelung des wirklichen Verständnisses der Wettererscheinungen, einer Wissenschaft, deren feste Grundlagen bereits von genialen Männern gelegt sind, und welche in Verbindung mit der elektrischen Telegraphie sogar schon beginnt, durch besonnene, auf kürzere Zeiträume bemessene Voraussagungen der Wahrscheinlichkeit gewisser Wetterveränderungen, die sie aus dem Fortschreiten der Erscheinungen an entfernteren Orten ableitet, der Schiffahrt und dem Landbau mitunter rechtzeitige Dienste zu leisten. Ist es ihr doch bereits gelungen, durch erweiterte und geordnete Erforschung von Wind- und Strömungsrichtungen auf hoher See große Vermehrungen der Sicherheit und Schnelligkeit der Fahrten zu gewähren und durch das Studium des Gesetzes der Stürme dem Schiffer wichtige Lehren an die Hand zu geben.

8. Kalender und Astronomie.

Von der Kritik des astrologischen Schicksals- und Wetterglaubens wollen wir indessen zurückkehren zu unseren anfänglichen Fragen, welche Bedeutung denn gegenwärtig die astronomischen Angaben im Kalender noch haben und welche Aufgabe im Anschluß daran der Hinzufügung populär-astronomischer Belehrungen gestellt ist.

Die kalendarische Zeitrechnung hat sich von den astronomischen Beobachtungen fast vollständig emanzipiert. Wenn wir nach unserer gegenwärtigen Jahreseinrichtung, von deren geschichtlicher Entwickelung weiter unten noch die Rede sein wird, die Tage nur richtig weiter zählen, jedes vierte Jahr als ein Schaltjahr zu 366 Tagen, jedes hundertste Jahr, obgleich es nach dem vierjährigen Schaltzyklus ein Schaltjahr sein sollte, nur zu 365 Tagen und nur jedes vierhundertste Jahr wieder zu 366 Tagen annehmen, dann ist es wahrscheinlich, daß wir mehrere Jahrtausende in so genügender Übereinstimmung mit der Sonne bleiben, daß wir uns in der Zwischenzeit gar nicht um ihre Umlaufszeit und um ihren jedesmaligen Stand am Himmel zu kümmern brauchten. Auch der Festkalender ist so hinreichend in sich geordnet, daß er während seines gesonderten Bestehens keine eigentlich astronomische Hilfe mehr brauchen würde. Die Bedeutung der Angaben für die Stellung des Mondes im Tierkreise und die Örter der Planeten, sogar für die genaueren Zeiten der Mondwechsel (wenn wir die Bedeutung der letzteren für die Ebbe und Flut in Küstengegenden ausnehmen) sind für das gewöhnliche Leben völlig gleichgültig geworden, sobald man sich von dem letzten Rest astrologischen Aberglaubens befreit hat. Gegenwärtig wird noch vielfach mit Zähigkeit an gewissen Dingen, wie die Angaben des Tierkreiszeichens, in welchem der Mond steht, festgehalten; so liefen z. B., als das Berliner astronomische Jahrbuch vor einiger Zeit durch gewisse Veränderungen seiner Mondangaben die Gleichgültigkeit gegen jene Bedeutungen der Stellung des Mondes an den Tag legte, mehrfache Proteste von Kalenderverlegern, besonders Polens und Ungarns ein, welche jedoch unberücksichtigt bleiben durften. Nur die Helligkeit des Mondes, sowie die Aufgänge und Untergänge dieses Erdsatelliten und der

Sonne haben unter den astronomischen Kalenderangaben noch wirkliche Bedeutung für das gewöhnliche Leben, und es ist daher zweckmäßig, daß in dem Normalkalender die Möglichkeit gewährt wird, besonders letztere Angaben für den Kalender jedes Ortes in Deutschland mit etwas größerer Genauigkeit zu entnehmen als früher, wo dieselben nur für wenige sehr vereinzelt liegende Orte berechnet waren.

Wenn wir in dem Vorhergehenden haben zugeben müssen, daß die Abhängigkeit der Kalenderbedürfnisse der menschlichen Gesellschaft von der Astronomie in gewissem Sinne immer geringer geworden ist, so hat sich dagegen in anderer Beziehung eine aufsteigende Bewegung für die allgemeine Teilnahme an jährlichen astronomischen Mitteilungen ergeben. Die Abhängigkeit menschlichen Wähnens und menschlicher Einrichtungen von den Himmelserscheinungen ist geringer, aber die Teilnahme für die Wahrnehmung und das Verständnis derselben ist viel, viel größer geworden. Die Voraussagungen der Finsternisse im Kalender könnten wegbleiben, ohne daß — wie in alten Zeiten — durch plötzliches Erschrecken des Volkes Gefahren hervorgerufen würden; aber sie dürfen nicht wegbleiben, weil jedermann den Wunsch hat, rechtzeitig darauf zu achten, die mehr oder weniger merkwürdigen Effekte dieser Erscheinungen selbst wahrzunehmen und an dem Frohgefühl der jedesmaligen Übereinstimmung der Vorausberechnung mit der Erscheinung selbst teilzunehmen.

Ferner verlangt das Leben immer größere Genauigkeit, z. B. der Zeitmessung. Gute Sonnenuhren können zur Stellung der Uhren mit hinreichender Genauigkeit dienen, wenn der Kalender die Verbesserungstafeln enthält, um aus der Stellung der Sonne stets die bürgerliche Ortszeit zu finden; ja, es wird die Zeit nicht fern sein, wo statt der Sonnenuhren weit und breit bequeme und billige Apparate im Gebrauch sein werden, welche in einfachster Weise mit Hilfe der Sonne die richtige Zeit fast auf die Sekunde werden finden lassen, sobald der jährliche Kalender hinreichend faßliche und vollständige Angaben dafür enthält. Überhaupt wird in immer höherem Grade die Astronomie Anlaß finden, aus der Fülle der Kenntnisse, welche sie von den himmlischen Bewegungen hat, auch Maßbestimmungen für den Verkehr und seine Messungsaufgaben auszuteilen.

9. Die Kalenderreform durch Julius Cäsar.

So ideal gesichert, wie in den vorangehenden Betrachtungen über Kalender und Astronomie die Zukunft des Kalenderwesens erscheinen mochte, ist aber keineswegs der Stand der Kalendereinrichtungen hinsichtlich der Jahreseinteilung und der Datierung, geschweige denn hinsichtlich der Festrechnungen. Was zunächst die in der christlichen Welt geltende Jahreseinteilung nach Monaten, Wochen, Tagen betrifft, so ist dieselbe hervorgegangen aus der in Kapitel 3 oben geschilderten Einführung des altägyptischen Sonnenjahres in den lunisolaren Kalender des alten Rom, der eine unvollkommene Entwickelungsstufe der Verbindung von Mond- und Sonnenkalender darstellte, während die vollkommenste damalige lunisolare Kalenderform auf der Grundlage des 19jährigen „goldenen“ Zyklus, den wir oben erläutert haben, von Ostasien und Babylon her in die Kalendereinrichtungen der griechischen Welt und auch in den jüdischen Kalender schon eingedrungen war.

Nur Rom hatte das Schicksal gehabt, daß man in der Zeit der Decemvirn, bis zu welcher im westlichen Europa noch sehr unvollkommene Mischformen von Mond- und Sonnenkalender gewaltet hatten, sich höhere Weisheit dafür in Delphi holen zu können glaubte, dessen Priesterschaft aber damals den „goldenen“ Zyklus noch nicht kannte oder noch nicht handhabte, so daß man nun in Rom nach delphischem Rat eine der noch unfertigen Entwickelungsstufen des „Mond- und Sonnenkalenders“ einführte und hartnäckig durchführte. Dieselbe bestand darin, daß man in einer auf die Dauer völlig unzureichenden Weise in achtjährigen Perioden gewisse Schaltmonate einfügte, um hierdurch die zwölfmonatlichen Mondjahre mit der Sonne tunlichst in Übereinstimmung zu halten. Ja, man verpfuschte dann in Rom auch diese Einrichtung noch, indem man anschließend an die bis dahin in Rom geltenden Monatslängen, die mit der pythagoräischen Vorliebe für ungerade Zahlen in sieben Fällen 29 Tage, in vier Fällen 31 Tage und im Februar (dem den unteren Schicksalsmächten zugesprochenen Monat) 28 Tage, und zusammen 355 Tage betrugen, alle 8 Jahre viermal, nämlich von 2 zu 2 Jahren, je einen Schaltmonat von abwechselnd 27 und 28 Tagen einfügte, und zwar derartig, daß man dann dem Februar bloß 23 Tage gewährte, also zusammengenommen alle 2 Jahre nur einen Zusatz von abwechselnd 22 und 23 Tagen machte. Hierdurch wurde dann alle 8 Jahre ungefähr das Zurückbleiben des Mondjahres hinter dem Sonnenjahre ausgeglichen, aber auch nur so unvollkommen, daß man sich sehr bald und sehr oft entweder zu Unterlassungen oder zu unregelmäßigen Wiederholungen der Einfügung von Schaltmonaten genötigt sah. Diese chronologische Not des den Kalender verwaltenden und ausrufenden römischen Priestertums wurde nun aber ganz verhängnisvoll in den Zeiten, in denen die hohen Beamten der Republik je ein Jahr lang die verschiedensten nahen oder entfernten Provinzen des großen Reiches fast wie Souveräne zu verwalten hatten. Die in dem ganzen System der Schaltmonate allmählich eingetretene Unsicherheit und Willkür gestattete es nämlich der Priesterschaft, entweder Verlängerungen der Dauer des betreffenden Amtsjahres durch willkürliche Hinzufügung der Schalteinrichtung zu ermöglichen oder aber Verkürzungen des Amtsjahres durch ebenso willkürliche Unterlassung der Schaltung herbeizuführen. Diesem und dem auch sonst noch im Rechts- und Wirtschaftsleben eingetretenen Unfug der faktischen Kalenderverwaltung durch die meistbietenden Mitglieder der hohen Beamtenschaft oder der ritterschaftlichen Geldaristokratie machte Cäsar dann ein Ende durch die Einführung des ägyptischen Sonnenjahres und der vierjährigen Schalteinrichtung desselben.

Warum aber führte er nicht sofort auch die oben schon erwähnte regelmäßigere und einfachere ägyptische Jahreseinteilung (wie sie später in der Revolutionszeit auch von der französischen Republik adoptiert wurde) statt der mehr oder minder komplizierten Anknüpfungen an die alte Mondrechnung in seinem neuen Kalender ein?

Die Antwort auf diese Frage versetzt uns mitten in die gegenwärtige Situation. Cäsar wollte den Mond wegen der großen Unstetigkeiten, die derselbe in die Sonnenjahreinrichtung hineinbringt, und die sich unter Umständen, wie damals, zu erheblichen sozialen und wirtschaftlichen Nöten und Mißbräuchen steigern können, aus der kalendarischen Zeiteinteilung gänzlich beseitigen, ebenso wie wir jetzt den Mond definitiv aus einer chronologischen Anordnung beseitigen wollen, vermöge deren er noch immer innerhalb der christlichen Welt, in Anknüpfung an einen Kultus erhabener und rührender Idealgedanken, vielfach unnötig erschwerend in die soziale und wirtschaftliche Handhabung unserer Kalendereinrichtungen hineingreift.

Der große römische Staatsmann sagte sich aber offenbar, daß die Durchführung seiner Reform damals wesentlich gehindert, vielleicht ganz in Frage gestellt werden würde, wenn an die Bevölkerungen zugleich sehr weitgehende Ansprüche hinsichtlich der Änderung der gewohnheitsmäßigen Art der Tageszählung innerhalb der Monate und überhaupt hinsichtlich der Bezeichnungen erhoben würden. Insbesondere erschien auch die ägyptische Zusammenfassung von je 10 Tagen und die Aussonderung der fünf überschüssigen Tage aus der stetigen Tageszählung allzu abweichend von den in Rom geltenden kalendarischen Gewohnheiten. So wurde denn neben der glatten Beseitigung des Mondes und außer der späteren Einführung der Monatsnamen „Julius" und „Augustus" statt „Quintilis" und „Sextilis" fast nichts in den Bezeichnungen geändert, und nur die Verteilung der Tageszahl in die einzelnen Monate dem Übergang von den 355 Tagen des alten Mondjahres auf die 365 Tage des Sonnenjahres angepaßt.

10. Die Woche.

Zu den Unvollkommenheiten dieser damals so vorsichtig geschonten, jetzt noch geltenden Jahreseinteilung ist nun aber noch eine Einrichtung hinzugekommen, welche in das Sonnenjahr von 365 (oder im Schaltjahr 366) Tagen zahlenmäßig nicht hineinpaßt, nämlich die siebentägige Woche. Auf ihre Entwickelungsgeschichte hier nicht näher eingehend, bemerke ich nur, daß für diese Siebenzahl von Tagen wohl die Annäherung an die Vierteilung der Monatsdauer, also an den Zeitunterschied zwischen dem Vollmond und den beiden Mondvierteln, sodann wohl auch die Siebenzahl der beweglichen Gestirne (Sonne, Mond und die fünf Planeten) bestimmend gewesen ist. Von einer siebentägigen Woche wußte man im alten Ägypten und Rom nichts. Sie kam empor in den Ländern, in denen sich die Verbindung von Mond- und Sonnenkalender in voller Höhe entwickelte, und sie wurde erst später in den Sonnenkalender, ebenso wie unsere Osterregel, aus ihrer Verbindung mit der biblischen Form des Mond- und

Sonnenkalenders mit herübergenommen. Die Woche mit ihrer völlig unterbrechungslosen Stetigkeit der Folgeordnung ohne jegliche Anpassungs- und Schaltungseinrichtungen, lediglich ihrem eigenen, an keine Himmelserscheinungen angeknüpften Zahlengesetze folgend, ist eine Einrichtung von eminentem, chronologischem Werte, auch gerade durch ihre Wanderung im Kalenderdatum, welches letztere eben durch seine Anpassung an die maßgebenden Erscheinungen sich Schaltungen und sogar Unterbrechungen, wie den Übergang von Cäsars Kalender (dem julianischen) auf den in betreff der Schalteinrichtung für die nächsten Jahrtausende völlig idealen gregorianischen Kalender gefallen lassen mußte.

Wie sollen wir uns nun hiernach verhalten einerseits gegenüber diesem besonderen chronologischen Werte, welcher der Woche und ihrer stetigen Wanderung in den weniger stetigen Kalenderangaben zuerkannt werden muß, andererseits gegenüber den nicht wegzuleugnenden Übelständen der bis zu einem Sprunge von sechs Tagen alle fünf bis sechs Jahre ansteigenden Veränderlichkeit des Datums von Festtagen, die an bestimmte Wochentage geknüpft sind.

11. Die päpstliche Kalenderreform.

Bevor wir diesen Reformfragen in betreff der Jahreseinteilung uns zuwenden, möge zunächst die weitere Entwickelung des Sonnenjahrkalenders und der Schalteinrichtungen desselben in Vervollkommnung der altägyptischen Schaltungsformel des julianischen Kalenders etwas näher erörtert werden.

Dieser von der ganzen christlichen Welt zunächst unverändert angenommene Kalender hatte ja ursprünglich nur das Siriusjahr für mehrere Jahrtausende fast völlig genau dargestellt, denn, wie ich oben etwas näher darlegte, hatte zur Zeit seiner Einführung das Zeitintervall zwischen aufeinanderfolgenden ersten Morgenaufgängen des Sirius genau $365^1/_4$ Tage betragen, d. h. die hundertmalige Wiederkehr hatte sich in hundertmal 365 Tagen plus 25 Tagen vollzogen.

In denselben Jahrtausenden bis zur Zeit von Julius Cäsar war aber das eigentliche Sonnenjahr, welches für den jahreszeitlichen Verlauf der Temperatur maßgebend ist, nämlich die

Wiederkehrzeit der Äquinoxepochen, erheblich kürzer gewesen als das Siriusjahr, nämlich die hundertmalige Wiederkehr hatte sich um nahezu $^3/_4$ Tag früher, die tausendmalige Wiederkehr um nahezu $7^1/_2$ Tage früher eingestellt, so daß das Datum des Äquinox in dem ägyptischen Agrarkalender, mit vierjähriger Einschaltung von einem Tag, um $7^1/_2$ Tage in einem Jahrtausend zurückgegangen sein mußte. Dieser Ungenauigkeitsgrad kam nun in den ersten anderthalb Jahrtausenden der Anwendung des julianischen Kalenders immer deutlicher zum Bewußtsein der leitenden Mächte des christlichen Kalenderwesens. Zugleich ließ sich auch immer deutlicher in der lunisolaren Berechnung der aus den biblischen Angaben des jüdischen Kalenders entnommenen Ansetzung des Osterfestes auf den Sonntag nach dem ersten auf das Frühlingsäquinox folgenden Vollmond die Ungenauigkeit der julianischen Annahme für die Wiederkehrzeiten des Äquinox erkennen.

Hieraus wuchs dann unter Papst Gregor XIII. im Jahre 1582 die Reform empor, der wir unseren jetzigen befriedigenden Anschluß an das Äquinoxialjahr verdanken. Seit dem Konzil zu Nicaea (325) bis zur Mitte des 16. Jahrhunderts war das Datum des Frühlingsäquinox um 9 bis 10 Tage zurückgegangen, entsprechend dem vorerwähnten Rückgang um $7^1/_2$ Tage in 1000 Jahren.

An der Feststellung dieses Sachverhaltes hatte auch Kopernikus im Anschluß an seine eigenen, im ersten Drittel des 16. Jahrhunderts angestellten Beobachtungen und an die Arbeiten des großen Nürnberger Astronomen Johannes Müller, Regiomontanus, im letzten Drittel des 15. Jahrhunderts, sowie auf Grund des weiten Überblickes, den beide über die griechischen Beobachtungen in Alexandria und die Beobachtungen der arabischen Astronomen und des König Alfons XIII. von Kastilien gewonnen hatten, regen Anteil genommen. Es war dann hauptsächlich der in Rom lebende deutsche Jesuit Clavius, der später auch noch mit Galilei nahe befreundet war, gewesen, welchem der wissenschaftliche Abschluß der Reform und die Formulierung der neuen Schalteinrichtung zu danken war. Es wurde also, um den in zwei Jahrtausenden 15 volle Tage betragenden Rückgang des Datums des Äquinox für die Zukunft auszuschließen, festgesetzt, daß künftighin in je 400 Jahren dreimal die Hinzufügung des Schalttages im Februar jedes vierten Jahres, dessen Jahreszahl durch 4 teilbar ist, unterbleiben solle, und zwar solle dieses

Unterbleiben der Einschaltung die vollen Jahrhunderte treffen mit Ausnahme derjenigen vollen Jahrhunderte, bei denen die Anzahl der Jahrhunderte auch durch 4 teilbar ist. Hiernach mußte also das Jahr 1600, wegen der Teilbarkeit der 16 durch 4, ein Schaltjahr bleiben, dagegen hatte die Schaltung zu unterbleiben in den Jahren 1700, 1800, 1900, während wieder das Jahr 2000 wegen der Teilbarkeit der 20 durch 4 ein Schaltjahr zu bleiben hätte. So konnten in der Tat in den auf 1600 folgenden zwei Jahrtausenden 15 Schalttage weggelassen werden, was die Übereinstimmung der Datierung mit dem Äquinoxialjahr durchaus zu sichern schien.

Der Rückgang des Datums des Frühlingsäquinox seit dem Konzil zu Nicaea, der nahe zutreffend 10 Tage betrug, wurde nun durch einen Sprung von 10 Tagen in der Datierung des neuen Sonnenkalenders ausgeglichen. Der hierdurch entstehende Unterschied zwischen dem julianischen und dem neuen (gregorianischen) Kalender wuchs dann, während 1600 in beiden Kalendern ein Schaltjahr war, im Jahre 1700 auf 11, im Jahre 1800 auf 12, im Jahre 1900 auf 13 Tage.

12. Die gegenwärtigen Fragen der Kalenderreform.

Es ist einleuchtend, daß die dauernde und sogar steigende Bedeutung, welche die Sonnenwirkungen für die gesamte menschliche Kultur haben, einen möglichst stetigen und genauen Anschluß unserer Kalendereinrichtungen an den jährlichen Verlauf der verschiedenen Sonnenstellungen unumgänglich fordert.

Man könnte indessen hiergegen einwenden, daß die Gesamtwirkungen der Sonnenstrahlungen auf der Erde doch viele und sehr erhebliche Störungen der einfachen Beziehungen zwischen der Temperatur eines Ortes und der augenblicklichen Sonnenstellung verursachen, und zwar durch die Hervorrufung der großen Luftströmungen, so daß die bloße Wiederkehr einer und derselben Sonnenstellung gar nicht unmittelbar maßgebend für die jeweilige Abhängigkeit der Lebens- und Arbeitsverhältnisse eines Ortes von der Sonne sei. Hiernach könne es z. B. gar nicht genau darauf ankommen, an welchem Kalendertage das Frühlingsäquinox eintrete usw.

Im einzelnen Falle ist dieser Einwand richtig, aber im großen und ganzen, nämlich für Jahrzehnte und Jahrhunderte, tritt die Abhängigkeit der Temperatur von dem astronomischen Sonnendatum doch so zweifellos und so machtvoll hervor, daß andauernde Verschiebungen um mehrere Tage oder gar Wochen, welche das Frühlingsäquinox im Kalender erfährt, die Stetigkeit der menschlichen Einrichtungen und der entsprechenden Volkserfahrungen und -überlieferungen um so empfindlicher und nachhaltiger beeinträchtigen werden, je sorgsamer und vollständiger die verfeinerte Kultur und Wirtschaft der Menschheit von allen Wohltaten des Naturhaushaltes und seiner großen Spenderin Sonne Besitz ergreift.

Wenn der Kalender dagegen lediglich oder auch nur hauptsächlich den Zweck hätte, die Zeitmessung des Menschengeschlechts im Sinne der Zählung und der einfachsten Zusammenfassung von ganzen Einheiten oder Tagen zu erleichtern und zu sichern, wie einzelne Astronomen behaupten, so würde die Veränderung des Sonnenkalenders, welche Papst Gregor XIII. im Jahre 1582 herbeigeführt hat, keine Verbesserung, sondern ein Rückschritt gewesen sein, weil die Zählung der Tage in ihrer Zusammensetzung zu größeren Zeitabschnitten durch die neue Schaltregel noch komplizierter gemacht wurde, als dies schon bei dem julianischen Kalender im Anschluß an ein altägyptisches Agrarjahr der Fall war, während das astronomische Jahr der Ägypter von 365 Tagen ohne jede Schalteinrichtung, rein chronologisch betrachtet, das bequemste war.

Die ganze Entwickelung des Kalenderwesens von den ältesten Zeiten bis zur Gegenwart zeigt aber aufs klarste, daß der letztere Gesichtspunkt hinsichtlich der Bedeutung der Kalendereinrichtungen in den weitesten Kreisen des Gemeinschaftslebens — zwar nicht immer in klarer Erkenntnis, aber mit der unbewußten Sicherheit der allgemeinen Vernunft — durchaus und immer mehr zurückgetreten ist, hinter dem hohen Werte eines möglichst nahen Anschlusses des Kalenders an die jeweilige Stellung der Sonne.

Es geht aus dieser ganzen Entwickelung auch zweifellos hervor, daß eine Kalenderform, wie die bei den Bekennern der griechisch-katholischen Kirche noch geltende julianische, welche diese Anforderung nur in ungenügender Weise erfüllt, ohne doch die vollste Einfachheit der Zählung von Tagen zu gewähren, im gemeinsamen Kalenderwesen der Menschheit zum baldigen vollständigen Aussterben bestimmt ist, während sie im nationalen und konfessionellen Leben vielleicht noch lange bestehen kann.

Die Frage erhebt sich aber, ob denn unsere gregorianische Schalteinrichtung wirklich als eine definitive, wenigstens auf einige Jahrtausende durch den Genauigkeitsgrad ihres Anschlusses an die Sonne zur Grundlage eines einheitlichen Kalenders für die ganze Menschheit geeignete betrachtet werden darf.

Hierbei entsteht zunächst die weitere Frage, welche Epochen des scheinbaren jährlichen Sonnenlaufes am Himmel als diejenigen gelten sollen, deren möglichst feste Verbindung mit einem bestimmten Datum des Kalenders die größte Bedeutung für das Arbeits- und Kulturleben des Menschen hat.

Es könnte sich dabei nur um vier Hauptepochen handeln, nämlich um den Zeitpunkt des längsten und denjenigen des kürzesten Tages, sowie um die beiden Zeitpunkte der Tag- und Nachtgleiche. Für die ersteren beiden ist eine sehr genaue Beständigkeit des Anschlusses an ein bestimmtes Kalenderdatum an sich nicht erforderlich; denn in der Nähe dieser beiden Zeitpunkte sind die Veränderungen der Tageslängen und der Aufgangs- und Untergangszeiten der Sonne während einer ganzen Woche praktisch unmerklich, nämlich kleiner als ein bis zwei Minuten.

Überhaupt ist in der Nähe solcher Gipfelpunkte der Erscheinungen, wie die Sonnenwenden, welche zugleich die Zeiten gewisser Extreme der Temperaturwirkungen der Sonne sind, die Geschwindigkeit der Veränderungen der bezüglichen Zustände am kleinsten und danach der zulässige Spielraum für Schwankungen der Datierung am größten.

Ganz anders mit den Tag- und Nachtgleichen, in deren Nähe die schnellsten Veränderungen der Tageslänge, der Aufgangs- und Untergangszeiten, sowie überhaupt der Licht- und Temperaturwirkungen der Sonne eintreten, so daß z. B. in unseren Breiten um die Zeit der Tag- und Nachtgleichen die Tageslänge sich von Tag zu Tag um vier bis fünf Minuten und der Unterschied zwischen Tages- und Nachtlänge um nahezu neun Minuten ändert, womit natürlich entsprechende schnelle Veränderungen der mittleren Temperaturwirkungen der Sonne im aufsteigenden Sinne beim Frühlingsäquinox, im absteigenden Sinne beim Herbstäquinox, verbunden sind.

Von den beiden Tag- und Nachtgleichen ist aber diejenige, bei welcher die aufsteigende Temperaturveränderung eintritt, für das praktische Leben, insbesondere für diejenigen Arbeiten, welche mit der Entwickelung des Pflanzen- und Tierlebens zu tun haben, von größerer Bedeutung und daher auch einer größeren Stetigkeit der Datierung bedürftiger, als diejenige Tag- und Nachtgleiche, welche in die Zeit des Absteigens der Temperaturwirkungen fällt.

An gewisse Zeitpunkte dieses Absteigens schließt sich die Notwendigkeit gewisser Arbeitsleistungen im allgemeinen auch nicht entfernt mit so drängenden Forderungen an, wie in der aufsteigenden Phase der Entwickelung.

Von jeher war deshalb das Frühlingsäquinox auch in den Kalenderformen, welche sich dem Monde anschlossen, die maßgebendste Epoche für diejenigen Festsetzungen, welche eine Art von Bindeglied und Übergang zu dem Sonnenkalender bildeten, insbesondere bei Ansetzungen großer Feste.

Wäre nun die mittlere Jahresdauer eine und dieselbe für beide Tag- und Nachtgleichen, so läge die Sache ziemlich einfach. Man brauchte dann auch für eine künftige feinere Behandlung der Aufgabe keine Unterscheidung zwischen einem Frühlingsäquinoxialjahr und einem Herbstäquinoxialjahr, eine Unterscheidung, die besonders durch den Umstand kompliziert wird, daß es sich jetzt auch um Kultureinrichtungen für die südliche Erdhalbkugel handelt, von welcher in den alten Kalendereinrichtungen noch nicht die Rede war und für welche unser Frühlingsäquinox das Herbstäquinox (und umgekehrt) bildet.

Nun ist aber eine volle Übereinstimmung zwischen dem Frühlingsäquinoxialjahr und dem Herbstäquinoxialjahr nicht vorhanden, und zwar infolge der durch die Anziehungswirkungen der anderen Planeten bewirkten Änderungen der Lage und Gestalt der Erdbahn mit Bezug auf die von der Anziehung der Sonne und des Mondes bewirkten Veränderungen der Lage der Drehungsachse der Erde im Weltraum. Und zwar gelten gegenwärtig folgende

Zahlen für diese beiden Jahreslängen, ausgedrückt in mittleren Sonnentagen:

Mittlere Dauer des Frühlingsäquinoxialjahres der nördlichen und des Herbstäquinoxialjahres der südlichen Erdhalbkugel	365,242 36
Mittlere Dauer des Herbstäquinoxialjahres der nördlichen und des Frühlingsäquinoxialjahres der südlichen Erdhalbkugel	365,242 04

Der Unterschied dieser beiden Jahreslängen würde in 1000 Jahren eine Datumsverschiebung bis zu einem Drittel eines Tages bewirken, wenn beide Beträge unveränderlich wären. Infolge ihrer sogleich zu erörternden Veränderlichkeit können aber die Abweichungen noch etwas größer werden.

Welche von diesen beiden Jahreslängen hat nun den entscheidenden Anspruch darauf, als die praktisch wichtigste Grundlage eines die ganze Menschenwelt für Jahrtausende umfassenden Kalenderwesens zu gelten?

Die Entscheidung zugunsten des Frühlingsäquinoxialjahres der nördlichen Erdhalbkugel wird aber allgemeine Zustimmung finden, wenn man bedenkt, daß diejenigen Zonen, in denen der Frühling und die Jahreszeit überhaupt von der gewaltigsten Bedeutung für das Gemeinschaftsleben ist, nämlich die den Polarkreisen näher gelegenen Zonen, mit ihrem kurzen Sommer, auf der südlichen Halbkugel fast ganz unbewohnt und überhaupt fast unbewohnbar sind.

Dies würde indessen nicht unbedingt entscheidend sein, wenn hierdurch für die südliche Erdhalbkugel der Anschluß des Kalenderjahres an das dortige Frühlingsäquinoxialjahr, unser Herbstäquinoxialjahr, erheblich ungünstiger würde, so daß dadurch wirkliche Übelstände entstehen könnten.

Daß dies nicht der Fall ist, wollen wir nun durch Vergleichung mit der gregorianischen Annahme der Jahreslänge und unter Berücksichtigung der kleinen Veränderungen nachweisen, welche in den nächsten Jahrtausenden in jenen beiden natürlichen Jahreslängen, gemäß unserer gegenwärtigen Kenntnis der Gesetze der Erdbewegung, eintreten werden.

Die gregorianische Jahreslänge wird durch die gregorianische Schalteinrichtung charakterisiert. Der julianische Kalender, welcher alle vier Jahre zu der gewöhnlichen Jahreslänge von

365 Tagen einen ganzen Tag hinzufügt, war auf die Annahme einer Jahreslänge von $365^1/_4$ Tagen begründet, welche aber in der Zeit von 325 nach Christi Geburt bis zur zweiten Hälfte des 16. Jahrhunderts ein Zurückweichen des Frühlingsäquinox um nahezu 10 Tage, nämlich einen Überschuß über die wahre Jahreslänge im Betrage von 9 Tagen in rund 1200 Jahren ergeben hatte.

Die gregorianische Kalenderverbesserung beseitigte diesen Fehler, indem sie, wie ich nochmals in Kürze zusammenfassen möchte, alle 400 Jahre 3 Schalttage wegzulassen, also in 400 Jahren 3 Schaltjahre des julianischen Kalenders zu Gemeinjahren zu machen vorschrieb, und zwar derartig, daß jedes Jahr, dessen Jahreszahl durch 100, aber nicht durch 400 aufgehend teilbar ist, z. B. jedes der Jahre 1700, 1800, 1900, die im julianischen Kalender wegen der Teilbarkeit der Jahreszahl durch 4 sämtlich Schaltjahre sind, in dem verbesserten Kalender ein Gemeinjahr sein solle, dagegen jedes Jahr, dessen Jahreszahl durch 400 aufgehend teilbar ist, z. B. 1600, 2000 usw. (übereinstimmend mit dem julianischen Kalender) ein Schaltjahr sein solle.

Diese Einrichtung ist auf eine Jahreslänge begründet, die in je 400 Jahren um 3 Tage, also in jedem Jahre um 0,0075 Tag hinter dem julianischen Jahre von $365^1/_4$ Tagen zurückbleibt, mit anderen Worten, in mittleren Sonnentagen ausgedrückt, 365,242 50 beträgt.

Diesem Werte der angenommenen Jahreslänge steht die oben angegebene gegenwärtige Dauer des Frühlingsäquinoxialjahres der nördlichen Erdhalbkugel mit 365,242 36 am nächsten. Hierzu kommt aber noch, daß letzterer Wert in nächster Zukunft in je 1000 Jahren um 8 Einheiten der letzten Stelle zunimmt, so daß als mittlerer Wert für den Verlauf der nächsten 2000 Jahre (nämlich in der Mitte zwischen jetzt und nach 2000 Jahren) anzusetzen ist 365,242 44. Dieser weicht nur um 6 Einheiten der letzten Stelle von der Länge des gregorianischen Jahres ab, so daß in dem auf letztere begründeten Kalender in den nächsten 2000 Jahren das Frühlingsäquinox der nördlichen Erdhalbkugel nur um $^1/_8$ Tag zurückgehen würde, was in Anbetracht der noch vorhandenen kleinen Unsicherheiten in betreff des wirklichen Verlaufes der Veränderungen der Jahreslängen als die zurzeit überhaupt erreichbare und praktisch völlig ausreichende Leistung einer Kalendereinrichtung bezeichnet werden muß.

Was dagegen das Frühlingsäquinoxialjahr der südlichen Erdhalbkugel betrifft, so vermindert sich die jetzt 365,24204 Tage betragende Länge desselben in den nächsten 1000 Jahren um 20 Einheiten der letzten Stelle, so daß als mittlerer Wert desselben für die nächsten 2000 Jahre der Betrag 365,24184 gelten muß. Hieraus folgt im Datum des gregorianischen Kalenders in den nächsten 2000 Jahren ein Zurückgehen des Frühlingsäquinox der südlichen und des Herbstäquinox der nördlichen Erdhalbkugel um den Betrag von $1^1/_8$ Tag, was zunächst auch noch innerhalb der Grenze des im Arbeits- und Verkehrsleben Erträglichen bleibt, zumal mit Rücksicht auf die obigen Bemerkungen hinsichtlich der viel geringeren sozial menschlichen Bedeutung des Frühlingsäquinoxialdatums der südlichen Erdhalbkugel und des Herbstäquinoxialdatums der nördlichen Erdhalbkugel. Zusammenfassend darf man also behaupten, daß jedenfalls für die nächsten 2000 Jahre kein vollkommenerer Zustand hinsichtlich der kalendarischen Jahresrechnung gedacht werden kann, als die allgemeine Annahme des Gregorianischen Kalenders, dessen Einschaltungsregel sich überdies auf das zweckmäßigste an die Jahrhundertrechnung anschließt.

Die Abgeneigtheit, welche sich an den leitenden Stellen der noch an dem julianischen Kalender festhaltenden griechisch-katholischen Kirche gegen den gregorianischen Kalender behauptet, ist also auch bei radikalster astronomischer und sozialer Kritik nicht zu begründen.

Auch wenn man den Mittelwert zwischen den beiden Äquinoxialjahren, nämlich das sogenannte tropische Jahr, zugrunde legt, ist die Sachlage noch günstig genug für die gregorianische Jahreslänge. Diese tropische Jahreslänge beträgt gegenwärtig 365,24220 und nimmt in einem Jahrtausend ab um 6 Einheiten der letzten Stelle, so daß nach 2000 Jahren die Abweichung des gregorianischen Datums von dem astronomischen Datum im tropischen Jahre nahezu $^3/_4$ Tage betragen würde. Man hatte eine Zeitlang geglaubt, statt der gregorianischen Schaltungseinrichtung nahezu dasselbe zu erreichen, wenn man alle 128 Jahre einen Schalttag wegließe, wobei nahezu dieselbe Genauigkeit des Anschlusses erreicht wird. Offenbar ist aber die gregorianische Schalteinrichtung zahlenmäßig durch ihren Anschluß an die Jahrhunderte einfacher.

13. Die Osterreform.

Anders liegt die Sache hinsichtlich des gregorianischen Festkalenders mit dem Anschluß des Datums des Osterfestes an den Mondkalender. Hier hat die lunisolare biblische Tradition des Anschlusses an den Frühlingsvollmond schließlich den Ausschlag gegeben, obwohl man damals beim päpstlichen Stuhl in Rom die Übelstände der dadurch bedingten starken Veränderlichkeit des Datums des Ostersonntages und der ganzen davon abhängenden Reihe von Festen sorglich erwogen und auch ausdrücklich konstatiert hatte, daß kirchliche Bedenken und Hinderungen einer Aufgebung des lunisolaren Charakters dieser Festeinrichtung nicht im Wege stehen würden. Es ging aber damals ähnlich zu, wie bei Cäsars Kalenderreform, indem berechtigte staatsmännische Weisheit die Verquickung der unabweisbar gewordenen und relativ einfachen Schaltgesetzreform mit einer umfassenderen gleichzeitig angeregten, aber noch in vielfacher Hinsicht diskutabeln Reform ablehnte. Dies geschah damals sowohl in betreff des lunisolaren Datums des Osterfestes, als in betreff der Einteilung des Jahres in Monate, Wochen und Tage.

In ganz Europa bricht sich aber jetzt mehr und mehr die Überzeugung Bahn, daß die uralte Verquickung des Osterfestes mit den Gezeiten des Vollmondes, die eine so außerordentliche Verschiedenheit im Termin des Osterfestes bedingen, endgültig abgeschafft werden muß. Die ursprüngliche Bedeutung, die der Vollmond für die nächtlichen Wanderungen der Völker in heißen Gegenden besaß und besonders für die Wanderungen zu den gemeinsamen Wallfahrtsstätten und zu den großen periodischen Festen, besteht nicht mehr. Dagegen gefährdet die Befolgung der alten Regeln für die Festsetzung des Osterfestes die Erhaltung der so wohltuenden traditionellen Verbindung zwischen den Zeiten der religiösen Feste und den Zeiten des bürgerlichen Lebens, z. B. des Schullebens, des Verwaltungslebens, des kaufmännischen Lebens, kurz in einer großen Anzahl von Fällen, die auch für die Gestaltung des Familienlebens von erheblicher Bedeutung sind. Nachdem beinahe in allen zivilisierten Ländern in Wort und Schrift während langer Jahre an der Vereinfachung des Kalenders der christlichen Feste gearbeitet worden ist, glaube ich, daß jetzt die Zeit gekommen ist, dem Heiligen Stuhl ohne weiteres Zögern die Bitte vorzulegen, endlich den entscheidenden Schritt zu tun, indem er der übergroßen Veränderung der Daten des Osterfestes durch folgende einfache Erklärung ein Ende macht:

„Beginnend mit dem Jahre 1917 wird das Osterfest am ersten Sonntag nach dem 4. April gefeiert werden."

Dieser Sonntag wird im allgemeinen mit dem dritten Sonntag nach dem Frühlingsäquinox der nördlichen Erdhalbkugel identisch sein. Aber die vorgeschlagene Formel ist einfacher und weniger den kleinen Unsicherheiten der Auslegung ausgesetzt.

Es ist ganz sicher, daß eine solche Erklärung des Papstes nicht allein von der katholischen Kirche befolgt werden wird, sondern auch — ohne Widerspruch — von den Protestanten in den Ländern beider Konfessionen und selbst auch von den Protestanten in denjenigen Ländern, die ausschließlich protestantisch sind. Denn die Protestanten sind alle einig darin, die Verdienste anzuerkennen, die sich der Heilige Stuhl auf dem Gebiete der Kalenderreform durch Gregor XIII. erworben hat. Sie sind auch einig darin, den sozialen und internationalen Wert einer derartigen Kundgebung anzuerkennen, die sogleich ohne Schwierigkeit einen so großen Teil der christlichen Welt einigt. Die folgende kleine Tabelle zeigt die Schwankungen des Osterfestes vom Jahre 1913 ab nach der neuen Regel im Vergleich zu den Schwankungen des Osterfestes nach den bisherigen Regeln.

Jahr	Alte Ordnung	Neue Ordnung
1913	23. März	6. April
1914	12. April	5. „
1915	4. „	11. „
1916	23. „	9. „
1917	8. „	8. „

Ohne Zweifel kann die neue Ordnung nicht unverzüglich eingeführt werden, aber vielleicht mit dem Jahre 1917 beginnen, wo, wie man aus der Tabelle ersieht, der alte Termin mit dem neuen zusammenfällt, was in der Tat einen kleinen Vorteil bieten würde, um die einmütige Annahme der Reform zu erlangen.

Die kleine Tabelle läßt erkennen, um wieviel schon in den wenigen Jahren die Schwankungen des Osterfestes nach der alten Formel diejenigen nach der neuen Formel übertreffen. Die größte Verschiedenheit nach der neuen Ordnung beträgt im Maximum 6 Tage, dagegen nach der alten im obigen Zeitraum bis zu 31 Tagen (das Maximum kann bis zu 35 Tagen gehen).

Die allgemeine Annahme dieser Reform würde aber ernstlich in Frage gestellt und auf unbestimmte Zeit vertagt werden, wenn man darauf bestände, die zeitgemäße und kluge Reform mit einer vollständigen Reform der Grundlagen unseres Kalenders zu verknüpfen.

Man hat vollkommen Recht, unseren bisherigen Kalender der ernsthaftesten Kritik zu unterwerfen, denn dieser Kalender ist das Werk einer allmählichen historischen Entwickelung von äußerster Kompliziertheit. Aber eine fundamentale Kalenderverbesserung, wenn sie auch durchaus einleuchtend und nützlich wäre, ist, wenn man die große Macht der Gewohnheit in Rechnung stellt, noch so weit davon entfernt, allgemein gebilligt zu werden, daß es nicht klug wäre, jetzt diese Frage mit der Frage des Osterfestes zu verbinden. Man muß sich vorläufig mit einer annähernden Lösung begnügen, wie sie die Ausschaltung des Mondwechsels bietet, die der allgemeinen Zustimmung sicher ist. Ein voller Erfolg dieser Reform wird sicherlich zu der kommenden Gesundung und Vertiefung der gesamten chronologischen Einrichtungen beitragen, während gegenwärtig ein radikaler Drang nach *sofortiger* Neubildung noch das Gegenteil sozialer und wissenschaftlicher Klugheit sein würde.

Sehr oft erörtert man auch die Frage, ob es nicht auf Grund internationaler Erwägungen angezeigt wäre, auch mit der Reform des Osterfestes zu warten, bis der Unterschied zwischen den beiden christlichen Kalendern, d. h. zwischen dem Kalender von Osteuropa und dem gregorianischen Kalender endlich verschwunden wäre. Um diesen Einwand zu entkräften, kann man mit einer großen Wahrscheinlichkeit sagen, daß eine Festlegung des Osterfestes durch den Heiligen Stuhl sicherlich eine mächtige Hilfe wäre, um auch den Osten Europas für die Gemeinsamkeit des Datums und für den Gedanken der Festlegung des Osterfestes zu gewinnen.

14. Die Reform der Jahreseinteilung und der Weltkalender.

Was aber schließlich die umfassende und gründliche Reform der Jahreseinteilung in Monate, Wochen, Tage betrifft, so wird dieselbe doch eine ganz andere Bedeutung, ganz andere Ziele und Formen der Prüfung und Beschlußfassung haben müssen, als die doch nur einen Teil der Menschheit und der Erde umfassende Reform der christlichen Osterregel.

Auf dem Gebiete der Zeitmessung und Zeitregelung, zu welchem auch das Kalenderwesen, überhaupt die Chronologie als die umfassende Grundlage der Chronometrie, gehört, darf man annehmen, daß das Erdenleben der Menschheit, ähnlich wie auf anderen Gebieten wissenschaftlicher und sozialer Arbeit, auf gewissen Höhenstufen nach der Überwindung der elementaren Vorarbeiten sich in folgender Weise entwickeln wird:

Einerseits wird es sich darum handeln, die Einheitlichkeit der Einrichtungen auf rationellster Grundlage in größtmöglicher Einfachheit und zweckmäßigster Genauigkeit zu kultivieren.

Andererseits aber wird es sich zugleich darum handeln, auch den besonderen, nämlich den individuellen, lokalen, regionalen, ethnischen, nationalen und religiösen Interessen und überhaupt den Mächten des Erinnerungslebens und der Vergangenheit Genüge zu leisten.

Zur Verständigung über die Fragen und Bestrebungen auf dem Gebiete der beginnenden Höherentwickelung des Kalenderwesens dürfte es förderlich sein, zunächst die Erfahrungen ins Auge zu fassen, welche auf dem Gebiete der Zeitmessung und Zeitregelung bereits vorliegen, da hier die Probleme in sozialer Beziehung einfacher sind, zugleich aber die Fortschritte in technischer Beziehung charakteristischer und schon erfahrungsreicher vorliegen.

Was zunächst die Organisation des Zeitmessungsdienstes (der Uhrzeit) betrifft, so hat man in den letzten Jahrzehnten bereits versucht, jene beiden großen Bedürfnisse zugleich zu befriedigen durch die allgemeine Einführung der Uhrzeit von Greenwich, aber mit der Abstufung nach runden Stunden (mitteleuropäische Zeit, osteuropäische Zeit usw.).

Aber man beginnt immer mehr die Erfahrung zu machen, daß dieses gemischte Verfahren die tieferen Bedürfnisse nach beiden Seiten nicht erfüllt. Dies Verfahren erleichtert nämlich den Präzisionszeitdienst in den Eisenbahnen, in der Telegraphie, der Meteorologie usw. nicht in hinreichendem Maße, während es zugleich die Ortszeiten vergewaltigt, die doch das tägliche Leben zu regeln haben, und die doch schon durch die Differenzierungen zwischen den wahren Ortszeiten und den mittleren Sonnenzeiten, wenigstens in den Winterszeiten der nördlichen Erdhalbkugel, in ihrem Wert für das Arbeitsleben merklich beeinträchtigt werden. Die Abstufung unserer gegenwärtigen Zeitregelung nach runden Stunden bedingt eben den sehr empfindlichen Übelstand, daß in der Nähe der Stundengrenzen, z. B. an der Westgrenze und an der Ostgrenze Deutschlands, die Abweichungen zwischen den Ortszeiten und den einheitlichen Zeiten bis zu etwas mehr als einer halben Stunde betragen, und daß dies gerade in den Wintermonaten der nördlichen Erdhalbkugel bei den kurzen Tageslängen sehr erheblich bedrückend ist, da es sich überdies um das Hinzukommen der vorerwähnten Unterschiede zwischen der wahren und der mittleren Sonnenzeit handelt, wodurch sich zwischen November und Februar der Unterschied zwischen der gesetzmäßigen Zeit und der wahren Sonnenzeit von einer Viertelstunde bis zu drei Viertelstunden ändert.

(Aus diesem Grunde hat man gegenwärtig in Holland bereits die Angaben nach Greenwicher Zeit ganz fallen gelassen und ist zu der alten unentwickelten Verschiedenheit der Zeiten zurückgekehrt.)

Immer nachhaltiger wird man es hiernach im Sinne der obigen Alternative verlangen und durchführen, daß für alle Präzisionsbedürfnisse des Zeitdienstes die gemeinsame Weltzeit von Greenwich überall zur Anwendung kommt, dagegen für das tägliche Arbeitsleben, welches von den natürlichen Beleuchtungsverhältnissen nicht selten wesentlich abhängt, überall die Ortszeit wieder zur Geltung kommt, und zwar wird sich dies unbedenklich durchführen lassen durch eine sehr einfach und wirksam herzustellende Sonderung der Weltzeitangaben von den Ortszeitangaben, mit Hilfe systematisch verschiedener Arten von Zifferblättern, die einen mit der Angabe nach völlig gemeinsamer Weltzeit, die anderen mit der Angabe nach Ortszeit, wobei die letzteren sich auf eine Genauigkeit von ein bis zwei Minuten einschränken können.

Dann wird man auch in die Lage kommen, in den Weltzeitangaben noch mancherlei Reformen einführen zu können, von denen das tägliche Leben nach Ortszeit nicht mehr berührt werden wird.

Man wird z. B. in der Weltzeit statt der doppelten Zwölfteilung andere Tageseinteilungen einführen können, während man in den Ortszeiten die alte Zwölfteilung der Zifferblätter und die entsprechenden Tageszeitangaben sich auf die Dauer nicht nehmen lassen wird.

Eine ganz ähnliche Erfahrung, wie hier in der Chronometrie, würde sich in der Chronologie, also im Kalenderwesen ergeben, wenn man einen Weltkalender einführen wollte, welcher gänzlich die bisherigen Kalenderformen in den verschiedenen großen Ländern und in den traditionellen Institutionen der verschiedenen Völker und Religionen unterdrücken wollte.

Sicherlich würde es aber auch nicht hinreichen, etwa nur den gregorianischen Kalender mit möglichster Schonung seiner traditionellen Elemente reformieren zu wollen. Nein, es ist unerläßlich, der Kalenderreform eine Entwickelung zu geben, deren Anwendung die ganze Erde bei allen Völkern und in allen Sprachen zu umfassen hat, und zwar mit der größtmöglichen astronomischen und zahlenmäßigen Vollkommenheit und Zweckmäßigkeit, ohne sich dabei um die großen Unvollkommenheiten der verschiedenen bisherigen Kalendereinrichtungen zu kümmern.

Aber mehrere dieser alten Kalenderformen werden doch ein langes, vielleicht mehrtausendjähriges Leben haben — Befriedigung wird man also nur erreichen können durch eine Lösung, welche dem oben erörterten Nebeneinander einer Weltzeit und der verschiedenen Ortszeiten entspricht.

Das Familienleben mit dem Kultus der Vergangenheiten, das bürgerliche Arbeits- und Geschäftsleben, das religiöse Leben, alle werden in der Anhänglichkeit an die traditionellen Kalenderformen beharren, wie es die Juden mit ihrem lunisolaren, zugleich den Lichtgestalten des Mondes und den Sonnenjahreszeiten angepaßten Kalender, inmitten der Geltung des Sonnenkalenders der christlichen Völker tun, und wie es die Anhänger des Islam tun mit ihrem alten Mondkalender, neben welchem sie in ihrem geschäftlichen Leben sich des julianischen (griechisch-katholischen) Sonnenkalenders bedienen. Zugleich werden, nachdem ein gemeinsamer, vollkommen rationeller und allen Völkern gemeinsamer Weltkalender geschaffen und eingeführt sein wird, auch die christlichen Kalenderformen fortfahren, bei der großen Mehrheit der christlichen Völker in Geltung zu sein, ohne es andererseits auszuschließen, daß diese Völker sich auch des Weltkalenders in den großen Arbeiten und Geschäften der gemeinsamen Verwaltung der Erde bedienen.

Indessen wird dieses Fortbestehen der alten Kalenderformen es nicht ausschließen, daß dieselben sich in Einzelheiten an die veränderten Bedingungen des Gemeinschaftslebens anschließen, indem sie z. B. für gewisse religiöse Feste der kirchlichen Welt die Abhängigkeit von dem Kultus des Mondes aufgeben, welcher für diese Feste die übergroße Veränderlichkeit des Datums, z. B. für das Osterfest, aufrecht erhalten hat, obgleich diese Veränderlichkeit jetzt für eine Menge von Beziehungen in dem immer komplizierter gewordenen Gemeinschaftsleben fast unerträglich geworden ist, so daß sie beginnt, die Wohltaten zu schwächen, welche durch die hohe Geltung dieser Feste im Gemeinschaftsleben bisher erhalten geblieben waren.

Was jedoch die immer allgemeiner in der christlichen Welt, wenigstens in Europa geforderte Reform dieser Art betrifft, so wird es unerläßlich sein, dieselbe gänzlich von der großen Angelegenheit der wissenschaftlichen Gestaltung eines rationellen Weltkalenders für die gesamte Menschheit getrennt zu halten.

Die Reform der kirchlichen Kalendereinrichtungen sollte allein denjenigen traditionellen Mächten anvertraut werden, welche zurzeit noch die größte Autorität historischen Ursprungs in den bezüglichen, viele Länder umfassenden religiösen Gemeinschaften besitzen.

Die große Reform des Weltkalenders hingegen darf nur den Akademien und ihrem internationalen Zusammenwirken anvertraut werden. Und diese reinliche Trennung der beiden verschiedenen Richtungen der Betätigung wird den Fortschritt auf allen diesen Gebieten in einer unerwarteten und sehr wohltuenden Weise begünstigen.

Schlußbetrachtung.

Das Bedürfnis nach einem allen Völkern, Ländern und Sprachen gemeinsamen „Weltkalender“ ist sicherlich vorhanden auf dem rechnerischen Gebiete der Wissenschaft und des erdumfassenden Geschäftslebens, und hier genügt die Einheitlichkeit der Festsetzung der gemeinsamen Anfangsepochen und Tageszahlen in Verbindung mit Tabellen, welche den Übergang von den Datumsangaben der verschiedenen noch im Gebrauch befindlichen nationalen und religiösen Kalender auf den Weltkalender erleichtern und sichern.

Das Bedürfnis nach Einheitlichkeit ist dagegen nicht vorhanden und wird es vielleicht niemals ganz im Sinne der radikalen Auffassungen sein auf dem Gebiete der Jahreseinteilung, also der Monate, sowie der Jahresanfangstage, der Festtage, der Ruhetage und der Wochentage. Hier wird das Bedürfnis nach der Erhaltung aller der Besonderheiten überwiegen, welche aus der Vergangenheit herrühren und durch die ganze Volksart, sowie durch die Grundlagen des von der geographischen Lage und der Luft-, Wasser- und Bodenbeschaffenheit bedingten jahreszeitlichen Verlaufes des Arbeits- und Ideallebens auf das entscheidendste bestimmt werden.

Auf allen diesen Gebieten würde ein schematischer Weltkalender, der für alle Völker, Länder, Sprachen und Kulturzustände gelten soll, als eine Vergewaltigung betrachtet und schließlich immer allgemeiner abgelehnt werden.

Über die rein zahlenmäßige Gestaltung eines Weltkalenders wird man sich aber bei gehöriger Begrenzung seiner nächsten und wichtigsten Aufgaben unschwer einigen können, wenn man auf wissenschaftlicher Seite zunächst verzichtet auf Verbesserungen der Jahreseinteilungen in Monate und Wochen, deren Unvollkommenheiten durch die Einführung der Tagestabellen eines gemeinsamen Weltkalenders für das große Geschäftsleben fast ganz unschädlich gemacht werden können, während ihr Fortgebrauch im gewöhnlichen Leben doch viel, viel geringere Nöte verursachen wird, als das Eindringenwollen eines schematischen neuen Weltkalenders in das gewöhnliche Leben.

Die Wissenschaft hatte sich, anknüpfend an die von Jos. Scaliger in der Renaissancezeit erdachte „julianische Ära" (4713 v. Chr.) schon eine Art von Weltkalender geschaffen. Man könnte jetzt Weltkalendertabellen schaffen, deren Ära (um eine runde Anzahl von Millionen oder Hunderttausenden von Tagen auf die alte julianische Ära folgend), auf einen bestimmten neueren Tagesanfang in Greenwicher Zeit verlegt, fortan für jedes Kalenderdatum die seit der neuen Ära verflossene Tageszahl in geschickt angeordneter Abkürzung angeben könnte. Und dies würde sofort, in alle Kalender aufgenommen, eine große geschäftliche Erleichterung bieten und im Anschluß an die Kenntnis der Ortszeit und der geographischen Länge gegen Greenwich für den in Betracht kommenden Aufenthaltsort alle Unbestimmtheiten der Zeitangabe beseitigen.

Bisher erschienene Hefte

der

Sammlung Vieweg

Heft 1. Dr. Robert Pohl und Dr. P. Pringsheim-Berlin: *Die lichtelektrischen Erscheinungen.* Mit 36 Abbildungen. M. 3,—.

Heft 2. Dr. C. Freiherr von Girsewald-Berlin-Halensee: *Peroxyde und Persalze.* M. 2,40.

Heft 3. Diplomingenieur Paul Béjeuhr-Charlottenburg: *Der Blériot-Flugapparat und seine Benutzung durch Pégoud vom Standpunkte des Ingenieurs.* Mit 26 Abbildungen. M. 2,—.

Heft 4. Dr. Stanislaw Loria-Krakau: *Die Lichtbrechung in Gasen als physikalisches und chemisches Problem.* Mit 3 Abbildungen und 1 Tafel. M. 3,—.

Heft 5. Professor Dr. A. Gockel-Freiburg i. d. Schweiz: *Die Radioaktivität von Boden und Quellen.* Mit 10 Abbildungen. M. 3,—.

Heft 6. Ingenieur D. Sidersky-Paris: *Brennereifragen: Kontinuierliche Gärung der Rübensäfte. — Kontinuierliche Destillation und Rektifikation.* Mit 24 Abbildungen. M. 1,60.

Heft 7. Hofrat Professor Dr. Ed. Donath und Dr. A. Gröger-Brünn: *Die flüssigen Brennstoffe, ihre Bedeutung und Beschaffung.* Mit 1 Abbildung. M. 2,—.

Heft 8. Geh. Reg.-Rat, Professor Dr. Max B. Weinstein-Berlin: *Kräfte und Spannungen. Das Gravitations- und Strahlenfeld.* M. 2,—.

Heft 9/10. Geh. Reg.-Rat, Professor Dr. O. Lummer-Breslau: *Verflüssigung der Kohle und Herstellung der Sonnentemperatur.* Mit 50 Abbildungen. M. 5,—.

Heft 11. Dr. E. Przybyllok: *Polhöhen-Schwankungen.* Mit 8 Abbildungen. M. 1,60.

Heft 12. Professor Dr. Albert Oppel-Halle a. S.: *Gewebekulturen.* Mit 32 Abbildungen. M. 3,—.

GPSR Compliance

The European Union's (EU) General Product Safety Regulation (GPSR) is a set of rules that requires consumer products to be safe and our obligations to ensure this.

If you have any concerns about our products, you can contact us on ProductSafety@springernature.com

In case Publisher is established outside the EU, the EU authorized representative is:

Springer Nature Customer Service Center GmbH
Europaplatz 3
69115 Heidelberg, Germany

Batch number: 10815964

Printed by Printforce, the Netherlands